傷だらけの山・富士山を、
日本人は救えるのか!?

富士山の光と影

都留文科大学教授・「富士山学」開講
渡辺豊博

清流出版

はじめに――富士山を〝危機遺産〟にしてはならない!

富士山が世界文化遺産に登録され、日本中が喜びにわいた二〇一三年六月二十二日。当初は登録から外れると予測されていた三保松原《みほのまつばら》が、大逆転での登録になり、地元を含めて日本中が喜びにわき、いっそう大きなニュースになりました。私は、カンボジアのプノンペンで開催された「世界遺産委員会」を傍聴しており、登録が決まった瞬間は、長年の念願が成就して、うれしくて、仲間とともに万歳三唱をしました。

しかし、現実の富士山は、単純に喜んでばかりはいられないという厳しい状況にあります。みなさんは、富士山の世界文化遺産の登録に伴って、難題といえる六項目におよぶ〝宿題〟が課せられたことをご存じですか? 世界遺産の登録の審議に際しては、国際連合教育科学文化機関(ユネスコ)の諮問《しもん》機関である国際記念物遺跡会議(イコモス)の専門家たちが、事前に富士山の現地を訪れ、念入りに申請した事実を調査・確認し、評価基準(クライテリア）に照らし合わせて、登録の是非を判断し、問題がない範囲については登録の勧告を出します。しかし、未解決の問題があれば、後日、解決するように、宿題を出すのです。

富士山については、「登録が望ましい」と勧告したものの、二〇一六年の世界遺産委員会までに、この六項目の宿題に対して解決の見通しをつけ、改めて、それらの宿題を審査し再確認ができるよう、同年二月一日までに「保全状況報告書」の提出が求められました。

富士山は世界自然遺産としてではなく、世界文化遺産に登録されたのです。評価されたのは、富士山が持つ信仰、芸術、景観にまつわる類《たぐい》まれな普遍的な価値であり、とくに富士山に内在する信仰性が高く評価されました。つまりこれは、富士山の〝過去〟の価値が評価されたことを意味しているのです。

同時に、イコモスからは、今の富士山が抱える多様な問題、例えば、環境保全や安全性の確保、開発の抑止、景観保護などの問題について、具体的に解決するための適切な対応策を明らかにしなさいとの厳しい指摘を受けていることになります。

その宿題として、例えば、

- 国や県が作成した包括的保存計画を抜本的に見直すこと。
- 富士山信仰の巡礼道として、統一感のある登山道を整備すること。
- 入山制限について検討し、実施すること。
- 登山者が引き起こしている流土への適切な対策事業を実施すること。
- 富士五湖などの開発に対する制御の措置を行うこと。

などの勧告や改善が求められているのです。

富士山が世界文化遺産に登録されてから一年が経とうとしている今、このように難しい〝宿題〟に対して、静岡県や山梨県によって、進められている具体的な対応策としては、入山料（保全協力金）として、五合目以上への登山者から任意で一人一〇〇〇円を徴収するというものだけです。もしも、二年後の期限までに対応できない場合には、登録が抹消され、恥の遺産といわれている〝危機遺産〟に格下げになる恐れにも直面しているのです。

富士山は世界的に見ても、類まれな自然美を有する「魅力的な山」です。遠くから眺めると、美しい山容は昔も今も変わりません。しかしながら、実際に自分の足で登ってみると、その現場ではさまざまな環境被害が拡大しているのを目の当たりにします。その詳しい状況は第二章で記しますが、目の前の富士山は「傷だらけの山」なのです。

それに加えて、山開きをしているわずか二か月間の登山者数は、二〇〇八年から毎年三〇万人前後に上り、多い日は一日一万人以上にもなります。昨年八月下旬に私も三回登って実感したことは、以前に比べて登山道が広がり、凹凸や浸食も激しく、登山事故の危険が増した状態になったということです。

私は、富士山の裾野にある静岡県三島市で育ちました。地元の人たちにとって、いつも身近に見える富士山は親しみを感じるものの、それほど特別な関心を寄せることはない当たり前の存在です。ところが、中学二年の夏休みに、初めて海抜〇メートルから頂上まで一人で登って、その大きさと五合目までの森林の素晴らしさに圧倒されました。

一〇日間かけて往復したのですが、夜は地元の人が家に泊めてくれて、お弁当や賽銭《さいせん》まで渡される。かわりに、私は山頂の富士山本宮浅間大社奥宮《ほんぐうせんげんたいしゃおくみや》でその人たちのために御札をいただき、帰りに泊まった家に立ち寄って渡すのです。まさに富士信仰である「富士講《こう》」の共助の仕組みの大切さを体験できた思い出が、現在の私の市民活動の思いや理念とつながっているかもしれません。

私が子どもの頃は、三島市は富士山から供給される湧き水が、美しい水辺の風景や環境を形成している、「水の都」と呼ばれていました。しかし、一九六〇年代以降、上流地域において産業活動が活発となり、地下水利用型の企業の進出が拡大。地下水が大量に汲み上げられるようになり、よく遊んだ川や湧水地から湧き水が消え、環境は悪化の一途をたどりました。

「水の都・三島」の環境再生を実現するためには、〝恵みの山、母なる山〟である富士山の環境保全が重要だという長期的な信念を持ち、まずは、足元の活動から始めることにしました。地元の川の水辺再生に着手するため、市民・NPO・行政・企業が連携した新たな地域協働型の市民組織である、「グラウンドワーク三島」を一九九二年九月に立ち上げたのです。まるでゴミ捨て場のように汚れていた源兵衛川《げんべえ》を、ホタルが飛び交う美しい川に再生したり、三島のまちから消えた水中花・三島梅花藻《ばいかも》を復活させるなど、二二年にわたり三島市内六〇か所で市民たちによる実践的な活動を行い、環境改善の成果と実績を残してきました。

そして、私なりの市民活動のかたちが見えてきた一九九八年に、NPO法人「富士山クラブ」を設立。富士山のゴミやし尿問題に取り組み、多くの市民や企業の支援を受け、富士山の五合目と山頂に計三基のバイオトイレを設置しました。

今では「富士山学」という富士山に関わる総合学的な新たな学問分野を提唱、発意して、私の職場である都留《つる》文科大学やその他の大学などで教えています。始めた当初、都留文科大学での受講生は、四〇人ほどでしたが、七年目を迎えた現在では、学生たちの富士山への関心と興味が高まり、一四〇人までに増えました。富士山を知ることによって、さらに自分の故郷の自然や地域資源、産業などのあり方に関心を寄せ、課題解決に対して問題意識を持つ学生が、それだけ増えているといえます。

このように二五年以上も富士山と関わってきて感じるのは、富士山は世界文化遺産として、本当にふさわしいのか、登録されてよかったのかという疑問と懸念です。今の富士山は、国内外の人々も認める素晴らしい魅力を内在している「光」の部分と、私たちが早急に対策を施すべき重々しい社会的課題といえる「影」の部分を併せ持っています。はたしてそのことが、どれだけ認識されているのか。

今回の世界文化遺産登録により、これまで以上に富士山に注目が集まっている今だからこそ、もっと多くの国民に富士山の現状と課題を知ってもらい、自分自身の問題として具体的に何ができるのか、どうしたらよいのかを主体的に考えてもらいたい。そういう強い願いと思いを込めて、富士山を取り巻く「光と影」について、綴っていきたいと思います。

【目次】

第二章

傷だらけの山・富士山が泣いている！

第三章　どうしたら、奇跡の山・富士山を守れるのか

第四章　富士山と共生する喜び

第五章　富士山のとっておきの楽しみ方

カバー・本文写真●中川雄三
装幀●矢代明美
編集協力●宮下二葉

第一章

日本人なら知っておきたい「富士山学」

真の姿を伝える「富士山学」

「富士山――信仰の対象と芸術の源泉」。これが、二〇一三年六月二十二日に富士山が世界文化遺産として登録された正式な名称です。つまり、ユネスコに評価されたのは信仰の山である点と、芸術のセンスを刺激してきた景観です。でも、日本のシンボル、日本人の心ともいわれる富士山の価値はそれだけでしょうか。

富士山は、多様な価値が複合的、重層的にからみ合っている山です。文化、歴史、宗教性などを有し、地勢、地質、水理といった自然科学からの視点においても大いに魅力的で、さらには周辺に富士山の恵みをベースとした人々の暮らし、産業があり、経済や環境社会学の側面から考えてもたくさんの要素を含み持っています。加えて、富士山の姿を見ることで心穏やかになり、裾野の森を歩くと気持ちが落ち着くなど、日本人には神秘的ともいえる癒し効果まで備わっているのです。また、言い知れぬ元気と勇気を受けられる、巨大なパワースポットでもあります。

こう考えると、富士山は多数の学部を持ち、それぞれの学術的な分野が重なり合っている総合大学のようなものです。私は長年、富士山の現場に携わってきて、この複雑多岐な富士山の真の姿を理解してもらうためには、膨大な富士山情報を総合的、体系的に、たくさんの〝棚〟に整理して、各分野の〝棚〟をひとつひとつ開けながら、人々に富士山情報を提供する必要があることに気づきました。これが「富士山学」の始まりです。

二〇〇四年から、富士山学の講座を始め、その四年後から山梨県の都留文科大学においても講義を開始し、さまざまな棚から富士山情報を取り出し、現在の富士山にもたらされた〝光と影〟――光は魅力や不思議、可能性であり、影は負の遺産や環境問題をはじめとする傷ついた満身創痍の状況――を伝えています。

〝光と影〟とは、喜びや苦しみのように、本来、私たちの社会や日常生活の中で生じているものです。そのような人間の現実的な有り様や社会問題を、富士山がそのまま背負ってしまっています。それなのに、多くの日本人は世界文化遺産登録を単純に喜び騒いでいるだけで、富士山で今、現実的に何が起きているのか、何が隠されているのかについてほとんどの人が知りません。厳しい言い方をすれば、知らないまま、もしかしたら〝影〟をつくり出す原因者にもなってしまっている皮肉な状況にあるといえるのです。

だからこそ、富士山の現実の姿を知ってもらい、とくに、影については残念に恥ずかしく思う反省の気持ちを、今後の自分自身の懺悔《ざんげ》の教訓として生かしてほしいと思っています。学生たちには、「富士山学」を富士山の〝光と影〟の多様な情報を学べる場と短絡的にとらえるのではなく、つねに自分の故郷の問題と重ね合わせて考え、イメージするように伝えています。それぞれの故郷には、魅力的で美しい里山や森、川、水田、歴史的な建造物などがあります。しかしいずれも時代の推移とともに劣化、荒廃し、改変、消滅し始めているはずです。

その故郷の事実と富士山の事実は、同じような要因や原因により引き起こされており、相互の関連性と同類性が高いのです。富士山で起きているゴミやし尿問題、オーバーユース（過剰使用）による多様な社会問題は、日本全国の山や地域などでも起きており、非常に類似性が高い。そんなことから、「富士山学」で学んだことをベースに、富士山と故郷を改善、改良していくための具体的なアプローチとノウハウを学んでほしいと思っています。

精進峠より富士山をのぞむ

富士山の信仰、芸術、景観が
世界文化遺産として評価された。

宝永 4(1707) 年に起きた宝永大噴火の火口 ©渡辺豊博

＊写真クレジットのないものは、撮影・中川雄三

富士山本宮浅間大社。全国の浅間神社の総本社であり、富士信仰の中心地として知られる。「富士山―信仰の対象と芸術の源泉」の構成資産のひとつとして世界文化遺産に登録された。下の写真は本宮境内の「湧玉池」。この池は富士山の湧水が湧き出し、国の特別天然記念物に指定されている(写真提供・富士山本宮浅間大社)

荒ぶる山を仰ぎ見ながら、噴火という怒りが鎮まるようにと願った。

富士山本宮浅間大社奥宮。富士山 8合目以上は奥宮境内地であり、約 120万坪の広さとなっている。古来、富士山は富士山本宮浅間大社の御神体として崇められる神聖地である（写真提供・富士山本宮浅間大社）

河口浅間神社は、貞観大噴火の翌年に建立された。拝殿には「鎮爆」の文字が掲げられた額がある（写真提供・公益社団法人やまなし観光推進機構）

山宮浅間神社。富士山をのぞむ遥拝所。全国に約 1300社ある浅間神社の中でこの山宮浅間神社が最古と考えられている(写真提供・富士宮市役所)

登拝信仰の中で「共助の仕組み」を作り、地域の一体化、団結力が図られた。

江戸の登山の様子を描いた「冨士山諸人参詣之図」。歌川国輝画、慶応元年(1865年)。江戸時代の登山に関わる文献を見てみると、登山者は無理な登り方をせずに、5～ 8合目でご来光を拝んでいた(富士吉田市歴史民俗博物館蔵)

富士塚・品川富士。東京都内に現存する富士塚は、50ほどといわれている。品川神社内にあり、都内では最も高い15m級 ⓒ渡辺豊博

白糸の滝。富士山の雪解け水が、絶壁から湧き出す。高さ 20m・200mの湾曲した絶壁から、大小数百の滝が流れ落ちる ©渡辺豊博

天然記念物である忍野八海。富士山の伏流水に水源を持つ。この「湧池」は、湧水量が豊富で、深い水底の景観が美しい(写真提供・忍野村)

「水の山」の恵みを守り続けなければならない。

金明水、銀明水。頂上のわずかな落差によって湧く御霊水。登拝者はこのお水を受けて浅間大神の御神徳を戴く。金明水（写真上）は、久須志神社の西北方、白山岳の麓に、銀明水（写真下）は、御殿場口登下山道の起点にある（写真提供・富士山本宮浅間大社）

富士山信仰の代表的な絵画「絹本著色富士曼荼羅図」。室町時代の狩野元信による作品とされる。富士山信仰の代表的な絵画で、登山の情景、駿河湾や三保松原なども描かれている（富士山本宮浅間大社蔵）

現実社会の中で自分自身が何ができるのか、何をしなければいけないのか、自らの社会的な責任を明確にイメージしてほしいのです。そうすれば、富士山が変わるときには故郷も変わり、日本全体も変わる。受講生の若者たちには、その原動力、牽引役になってほしいと期待し、メッセージを送っています。

さて、富士山の影については第二章で詳しく説明しますが、こうした悲しい現状があるものの、言い換えれば、富士山は日本の人々に現在の社会の現実をわかりやすく知らしめることができる「生きた教材」ではないでしょうか。富士山は、当然、限りなく美しく素晴らしい山であると同時に、母なる山、恵みの山として我々に、「自分自身の社会的責任を的確に果たしなさい」と、優しく、厳格に「人間教育」を施してくれているように思えてなりません。

富士山のなりたちと壮大な自然

ここからは富士山の〝光〟について、その歴史と自然をご紹介しましょう。

最近では、雑誌やテレビでもよく取り上げられているように、富士山はまぎれもない「活火山」なのです。現在は、静かに眠ったふりをしているだけで、近々に噴火してもおかしくないといわれています。国の中央防災会議の予測では、この三〇年以内で爆発する確率は、七〇パーセントともいわれています。世界でも数少ない玄武岩《げんぶがん》でできた巨大な成層火山であり、年齢は約一〇万年歳です。日本の火山の年齢は五〇万年歳から一〇〇万年歳といわれていますから、富士山はまだ若い火山です。

記録に残っているもっとも古い噴火は、奈良時代の『続日本紀』に記されている七八一年。その後、平安時代には三度にわたって大きな噴火を繰り返し、なかでも八六四年の貞観《じょうがん》大噴火は、のちの宝永《ほうえい》大噴火と並んで史上最大の噴火規模と見なされています。平安時代以降は、一〇〇〜一五〇年ごとに噴火が起きていたのですが、一七〇七年の宝永大噴火を最後に、現在まで三〇〇年以上も沈黙が続いています。

標高三七七六メートルの富士山は、世界的に見ても有数の高山。裾野を広げた美しい円錐《えんすい》形の山容は、過去のたび重なる噴火によって一万年前から形成されてきたものです。富士山はこのたび世界文化遺産に登録されましたが、そのベースには世界自然遺産に匹敵する類まれなる豊かな自然美を有していることが前提条件になっています。

とりわけ世界的な規模で素晴らしいのは、富士山の五合目以下に広がる森林地帯です。標高によって気象条件が大きく異なるため、一合目から登るにつれて森の表情、植物相が次々と変化していく様子が見られます。これを「垂直分布」と呼びますが、富士山から北海道まで移動したときに見られる森林・林相（木の種類や生え方）の水平分布と同じ変化が見られ、かたや垂直に三キロ、かたや水平に一〇〇〇キロ近くという極端な距離の違いを考えると、富士山がいかに多彩な「自然の宝庫」であるかを実感できるでしょう。

この豊穣な森林こそ富士山の最大の財産、価値であり、昔の人々はこの森林地帯の中を歩きながら壮大な自然に感嘆し、この森に身近に触れることにより、森の仕組みや大切さ、人間との共生の関係や知恵などについて、自然に学んだのではないかと思います。その森での学びと体験のプロセスが、富士山を登る本質的な意義であり意味で、富士山は私たちの人間力を育成し研鑽してくれる「生きた教材」ともいえます。

しかし、一九六四年四月一日、山梨県側に富士スバルラインが開通して五合目まで簡単に車で行けるようになったことをきっかけに、富士山は「信仰の山」から「観光の山」へと、劇的に変わってしまいました。富士山観光が五合目観光となり、観光の一極集中化が始まったのです。大量の観光客が大型バスや車で富士山五合目に押しかけ、お土産物屋で買い物を楽しみ、トイレを済ませ、簡単に富士山頂を眺めて、裾野のホテルに宿泊する――こんな観光スタイルが富士山観光の定番になってしまいました。

この交通や登山アクセスの向上が、オーバーユース（過剰使用）を誘発し、環境問題などの拡大を助長したといえます。もったいないことに、多くの観光客や登山者が目指すのは〝はげ山〟です。それは自然の面白みのない五合目から頂上までの区間であり、五合目の下に広がる魅力的な森を訪れる人は少なく、歴史的な古道はいつも閑散としています。まさに、富士山観光の本質性とは何かが問われ始めています。

噴火の恐れから「富士講」という信仰へ

富士山は万葉の時代から「不二山」「不尽山」と書かれ、人々が崇拝し、畏敬の念とともに崇め眺める対象でした。「不二山」は二つとない美しき山、「不尽山」は素晴らしさの尽きない山といった意味でしょう。

確かにあの山容は、視界に入るだけで私たちの心を魅了します。ただ、富士山の存在が社会で大きく注目された最大の理由は、噴火を起こす活火山であったことだと考えられます。すでに述べたように富士山はたびたび噴火を繰り返しており、噴火の直前に大きな地震が発生したり、溶岩が流れると周囲の森や家、畑が燃え、火山灰により川底が上がって雨が降ると氾濫するなど、さまざまな災害をもたらしました。さらに、大量の火山灰が噴き上がり、関東一帯から時には東北地方までも広範囲に飛び、太陽の光を遮り、農作物が大凶作となって飢饉を引き起こしたこともありました。

このような厳しい事態に見舞われるたびに、日本人の潜在意識の中で富士山は噴火を引き起こす恐い山という思いが受け継がれ、荒ぶる山を仰ぎ見ながら、噴火という怒りが鎮まるようにと願ったのです。代表的な富士信仰といえば浅間信仰ですが、その拠点となる富士山本宮浅間大社《ほんぐうせんげんたいしゃ》は、十一代垂仁《すいにん》天皇が噴火のつめ跡を憂えて山霊を鎮めたのが起源とされています。また、貞観大噴火の翌年に天皇の勅命によって建立された河口浅間《かわぐちあさま》神社は、拝殿に現在も「鎮爆」の文字が掲げられています。このように富士信仰の礎には、山体を崇拝すると同時に火を噴く山を鎮めたいという願いがありました。浅間信仰のご祭神は日本神話に登場する女神の木花之佐久夜毘売命《このはなのさくやひめのみこと》で、別称は浅間大神《あさまのおおかみ》。火の神であり、水の神ともいわれ、まさしくご神体である富士山を鎮める神です。

富士信仰において、富士山は長らく麓から仰いで祈る〝遥拝《ようはい》〟の対象でしたが、平安、鎌倉時代から一部の山岳修行者たちが登って荒行をするようになります。室町時代に入って火山活動が落ち着くと、修行者はますます増えていき、富士山は〝登拝《とうはい》〟する山へと変化していきました。

さらに、江戸時代には長谷川角行《かくぎょう》を開祖とする「富士講」が盛んとなり、各地から大勢の一般庶民が富士山に〝登拝〟するために集まりました。白装束《しろしょうぞく》に身を包み金剛棒《こんごう》を杖として、各地の水場・お浄め所で身を清め、一合目から徒歩で富士山に登って神に近づくのです。険しい山道を進む苦しみの中で唱えるのは、「懺悔懺悔、六根清浄《ろっこんしょうじょう》」の言葉。自分自身を見つめ直し、眼・耳・鼻・舌・身・意の六根を清めれば、罪が許され新しい自分に生まれ変われるという信仰でした。

地域に共助の仕組みをつくった「富士講」

「富士講」とは、富士山をご神体として組織的に富士山参拝を行う人々の集まりで、江戸をはじめ各地に数多くありました。当時の隆盛ぶりは「江戸は広くて八百八町、八百八町に八百八講」と謳われたほど。場所によっては自分の脚で往復一か月以上もかけ、道中、禊《みそぎ》をしながら麓にたどり着き、修行をしながら登って下りてまた帰るという旅は、かなりの体力と費用を必要とします。そこで、地域や集落から代表者を選び、ほかのメンバーがお金や食料を出し合ってその人を富士山へと送り出しました。

私は「共助の仕組み」と呼んでいますが、登拝信仰の中で助け合いの仕組みをつくり、地域の一体化、団結力が図られたわけです。遥か遠くではあっても、実際に自分たちの瞳がとらえる富士山の姿は明確な目標となって、助け合いの精神を育て、支えたことでしょう。

地域の代表として登拝した人は、頂上でメンバー全員分のお札をもらい、富士山の大きな石を拾って持ち帰って故郷の富士塚に積み上げます。そして、登拝者が富士塚を「懺悔、懺悔」と唱えて登ると、仲間たちは同じように後ろに付いて歩き、富士塚を見ながら実際に登った人の苦しみや喜び、感動をイメージして、ご利益を分配してもらうのです。

また、登拝者の身体に触れたり、いわゆる〝ハグ〟をして、自分に福、ご利益を呼び込みました。東京都内では方々にいくつも富士塚が残っていますが、その大きさはみんなで助け合い、代表者を送り続けた長い歳月の証。品川神社にある品川富士は都内でもっとも大きな富士塚で、現在は誰でも自由に登ることができます。

私は中学二年の夏休みに初めて富士山に登り、富士講の仕組みが地元の伝統文化やしきたりとして残っていることを体験することができました。沼津市の千本浜から直線距離で三五キロですが、須走《すばしり》口から御殿場《ごてんば》を通って右往左往している道を、一〇日間かけて往復しました。歩いていると知らない人が車で駆けつけお賽銭を渡され、夜は地元の人たちが、高級な羽布団を敷いて家に泊めてくれ、翌朝にはお弁当まで作って送り出してくれる。地元の人たちにとって私は登拝の代表者だったわけです。代わりに、頂上の浅間大社奥宮でたくさんのお札を買い、大きな判子を押してもらい帰りには配って歩きました。現在では、ほぼ消滅してしまった富士講ですが、いまだにそのごく一部が残って登山が続けられています。

こうなると、富士講は確かに富士山を信じる宗教ですが、同時に地域のコミュニティをつくり、団結力を養ってみんなで助け合う仕組みを学ぶ機会でもあります。富士山への出発に向けて愛郷心を強め、日本のシンボルに登るというコミュニティの目標が達成されると、富士山という日本の心に近づいた喜びが愛国心へとつながっていきます。私は、富士講は日本人としての国民意識を醸成するための、一種の社会教育活動だったのではないかと考えています。

何しろ日本の人口が現在の四分の一程度だった時代に、わずか二か月で二万人が一合目から歩いて登っている。しかも西日本は伊勢参りが主流ですから、ほとんどが東日本、なかでも関東地域の人たちが中心です。江戸中期は文化の程度の高い、比較的豊かなバブルの時代でしたから、庶民の心をひとつにまとめて治安体制を確立する役割も担ったのではないでしょうか。

自然との共生を登拝で学ぶ

登拝が盛んとなるに伴い、いくつかの登山道が開かれ、それぞれに登拝者の宿泊場所となる「御師《おし》」が作られました。登拝は「先達《せんだつ》」という修行僧が率い、神事を行い、いろいろな世話をしてくれます。「御師」では、先達が登拝者たちに富士講の意義や人間の生きるべき道を語り、安全な登山の方法や環境に負荷をかけない自然との共生の知恵を授けました。

例えば、登拝の際は現在の金額で三五〇〇〇円ほどの入山料を払い、杉チップを敷き詰めた小箱をもらって、道中はその中で用を足して持ち帰ってくることが決まりでした。ご神体である富士山を汚すことなどもってのほかであり、今でいう携帯用トイレを使っていたのです。先達は現代のエコツアーガイドやレンジャー（自然保護官）のような役割も担っていました。

また、ツアーのように複数で登るためお互いを思いやり、助け合う気持ちも求められます。必ずしもみんなが同じようなレベルの健脚とは限らず、優しさを持って助け合わなければ目標を達成できません。こうして、幾多のことを学んだ登拝者たちは、各自の故郷へと散り散りに戻り、待っている仲間たちに教え伝えるのですから、富士山の登拝は日本人にとって旧き良き精神を学ぶ素晴らしい「人間教育」の場でした。観光レクリエーション化した、現在の富士登山のスタイルとはまったく異なる意味を持っていたわけです。

もうひとつ、私は世界文化遺産で「信仰の対象」としての富士山が高く評価されたのは、富士山の「多神教性」が最大の理由だと考えています。富士山は古来より霊峰と呼ばれた信仰の山であり、そこで荒行を修めた修行者たちは山岳信仰と密教、道教の流れをくむ信仰を持っており、富士講は仏教の流れをくむ新興宗教といわれています。室町時代後期の「絹本著色富士曼荼羅《まんだら》図」には当時の登拝の様子が描かれていますが、登山口には富士山本宮浅間大社、村山浅間《むらやませんげん》神社とともに御室《おむろ》大日堂が、山頂には浅間大神のほか大日如来など三体の仏像が見られ、神道と仏教が混在しています。

まだ土着の信仰が中心だった時代、その違いから争いが起こる危険性はあったはずですが、人々が富士山を拝み、求めたのは噴火をしないようにという鎮爆の願いからでした。

そして、富士山信仰は、さまざまな宗教を統一した日本の宗教のように定義づけられ、どのような信仰を持っていても受け入れるという心の広さと寛容性を持ち合わせています。

今の時代でさえ、世界各地で宗教の違いをきっかけに戦いや争いが起きている現実を考えると、富士山信仰は、当時からグローバルな精神と心の寛大さを備えていたことに誇りを感じます。

〝構成資産〟でパワーを感じる

世界文化遺産として認定された二五の「構成資産」も富士山の光です。八割は神社仏閣など信仰にまつわる遺構で、なかでも富士山本宮浅間大社は各地に千三百余りある浅間神社の総本宮。地方にある浅間神社は関東地域が中心で、北は北海道松前町、南は三重県尾鷲市まであり、浅間信仰と富士講が結びついてこれほどまでに広がったようです。

富士山本宮浅間大社の本殿は二重の楼閣造、つまり二階建てになっています。日本の神社で同じく二階建ての建物があるのは、出雲大社と伊勢神宮だけです。一般的には非公開なのが残念ですが、本殿の内部は何もない空間で、奥の扉を開けた途端にご神体である富士山の崇高な姿が劇的に現れる。法律的根拠は一切ないのに、一千年以上も視野を遮る建築物が建っていません。

また、現在の本宮浅間大社の前身といわれる山宮浅間《やまみやせんげん》神社も、構成資産のひとつです。

■富士山世界文化遺産の構成資産一覧

No.	名　称		県　名	所在市町村
1	富士山域			
	1-1	山頂の信仰遺跡群	山梨県・静岡県	
	1-2	大宮・村山口登山道（現富士宮口登山道）	静岡県	富士宮市
	1-3	須山口登山道（現御殿場口登山道）	静岡県	御殿場市
	1-4	須走口登山道	静岡県	小山町
	1-5	吉田口登山道	山梨県	富士吉田市 富士河口湖町
	1-6	北口本宮冨士浅間神社	山梨県	富士吉田市
	1-7	西湖	山梨県	富士河口湖町
	1-8	精進湖	山梨県	富士河口湖町
	1-9	本栖湖	山梨県	身延町 富士河口湖町
2	富士山本宮浅間大社		静岡県	富士宮市
3	山宮浅間神社		静岡県	富士宮市
4	村山浅間神社		静岡県	富士宮市
5	須山浅間神社		静岡県	裾野市
6	冨士浅間神社		静岡県	小山町
7	河口浅間神社		山梨県	富士河口湖町
8	冨士御室浅間神社		山梨県	富士河口湖町
9	御師住宅（旧外川家住宅）		山梨県	富士吉田市
10	御師住宅（小佐野家住宅）		山梨県	富士吉田市
11	山中湖		山梨県	山中湖村
12	忍野八海（出口池）		山梨県	富士河口湖町
13	忍野八海（お釜池）		山梨県	忍野村
14	忍野八海（底抜池）		山梨県	忍野村
15	忍野八海（銚子池）		山梨県	忍野村
16	忍野八海（湧池）		山梨県	忍野村
18	忍野八海（濁池）		山梨県	忍野村
19	忍野八海（鏡池）		山梨県	忍野村
20	忍野八海（菖蒲池）		山梨県	忍野村
21	船津胎内樹型		山梨県	富士河口湖町
22	吉田胎内樹型		山梨県	富士吉田市
23	人穴富士講遺跡		静岡県	富士宮市
24	白糸ノ滝		静岡県	富士宮市
25	三保松原		静岡県	静岡市

暗い森の中で灯籠が置かれた参道を一〇〇メートルほど歩くと、四角い板が立っているだけなのですが、顔を上げると木々の間から富士山の秀麗な姿が見える。そこだけ木が切られ、富士山が見えるように演出されているのですが、とても神秘的で壮厳な演出が施されているといえます。

さらに富士山の八合目以上は山頂にある富士山山頂浅間大社奥宮の境内で、山頂には奥宮のほか金明水、銀明水という湧き水があり、ご霊水として祠《ほこら》が祀られています。登拝者はこの水を戴いてご神徳をいただきます。余談ですが、最近では富士山が世界最大級のパワースポットといわれ、不思議な力を求めて日本はもちろん世界から訪れる人もいるようです。

ところで、世界文化遺産として「信仰の対象」とともに評価された「文化の源泉」としては、枚挙に暇《いとま》がないほど文学や絵画の題材として取り上げられています。代表的な作品を挙げると、文学では古くは『万葉集』にはじまって『伊勢物語』『平家物語』。松尾芭蕉や与謝蕪村、小林一茶など江戸時代の俳句にも残されています。絵画では葛飾北斎の浮世絵「富嶽《ふがく》三十六景」をはじめ、歌川広重、尾形光琳、横山大観たちが思い思いに名峰の姿を描きました。

芸術はインスピレーションを感じた人が、詠み、描いてきたものであり、その背景にあるのは富士山の類まれなる美しい壮大な景観であり、その姿を見ることによって地域や人とのつながりを学び、自己を反省するために生まれたものだということ。すでに過去のものである作品ではなく、これから先もずっと素晴らしい芸術の源泉でいられるように、傷だらけの富士山を守るために行動することが大切であり、それが今を生きる私たちの義務と責任でもあるのです。

〃水がめ〃は偶然なる火山の恵み

富士山の中腹以上の年間平均降水量は二八六〇ミリ。日本の平均の年間降水量は一七〇〇ミリですから、日本の平均の一・七倍近くの雨や雪が降っていることになります。こうした雨や雪の恵みを受けた、富士山域の湧水量は一日当たり五三四万トンと推計されています。一人一日四〇〇リットルの水を使うとすると、一日当たり一三四〇万人もの水を富士山に蓄えているのです。まさしく、富士山は巨大な〃水がめ〃といえます。

富士山は過去に何度も噴火を繰り返し、火山弾、火山岩、火山礫、火山灰などが積み重なってスポンジのような透水性の層状となり、最後に溶岩が流れ込んで固い岩盤を形成しました。そして、再び次の噴火でスポンジと岩盤が重なり、それが何層にも積み重なる。そこに降った雨や雪はスポンジ層に浸透し、その間を流れてろ過され、あちらこちらの場所に水が湧き出します。富士山圏域に水を供給してくれるこの地下水供給システムは、火山学的な偶然性によってでき上がったもので、ありがたいことに私たちは偶然に〝水の山〟となった富士山のおかげで生活できているのです。

富士山の信仰上でも湧き水が重要な役割を担ってきました。富士山本宮浅間大社が現在の地に建てられたのは、富士山の水がこんこんと湧く場所だったからといわれています。湧玉池《わくたま》と名付けられ、水源の岩の上には水屋神社があり、古くから登拝者はここで禊をして登る習わしがあります。そのほか、富士山の伏流水が湧く忍野八海《おしのはっかい》も登拝者たちがけがれを払う場所、また、約二〇〇メートルにわたって湧き水が噴出する白糸の滝は、長谷川角行の修行の地で、登拝の際の巡礼地とされました。

周囲に暮らす人々の飲料水としてはもちろん、農業用水・工業用水としても富士山の地下水は欠かせません。さらには駿河湾《するが》の海中でも湧き出ていて、桜エビやしらすなどの豊富な海の生き物たちに豊かな酸素を供給しています。沼津市の平沢地区の海中には海岸近くに水が湧き出る場所があるのですが、冬は僅かに海面がもり上がり、湧き水は空気とミネラルをたっぷりと含んでいるので魚が集まりやすく、そこに生息している珊瑚は緑色に変色していて、世界的にも珍しい緑珊瑚の群落となっています。

この平沢地区を含めた三浦・大瀬地区エリアの漁業組合は、古くから、駿河湾に水を注ぐ流域となる愛鷹《あしたか》山に森林を所有し、海の守護神としての「水神様」を祀ってきています。昔の人は、自分たちの漁場に流れ出る黄瀬《きせ》川を通して、愛鷹山の森や富士山の森とつながっていること、森と川と海との生態系の循環により豊かな海が守られていること、森の豊かさは海の豊かさとつながり共生していることを生活の知恵として知っていたのです。

ところで、この富士山の地下水は、一体、どのくらいの時間をかけて、上流域から下流域に流れ下ってきているのでしょうか。ひとつは、一二〇年から三〇年近くの歳月をかけて、ゆっくりと溶岩の亀裂や隙間を流れてくるとの説である、地下水の「長期流動説」があります。一方で、上流域の降雨と下流域の井戸の地下水位との相関関係を分析した結果、双方のピークが七〇日から九〇日程度ずれて見事に重なり合うことから、「短期流動説」も信じられています。

下流域の「水の都・三島」において子どもの頃を過ごした〃水餓鬼〃を自称する私にとっては、七〇日から九〇日くらいの時間をかけて、上流から地下水として流れ下っているとの短期流動説が、現場での感覚として整合性が高いのではと考えています。ともあれ、富士山周辺において、上流と下流の地下水をめぐる「南北問題」を発生させることなく、上流も下流も「運命共同体」であるとの共有意識や一体感を持つことが大切です。

現代に入ると、豊富で便利なこの地下水供給システムを活用しようと、富士山の周囲にはさまざまな企業が工場を造り、産業経済活動が活発化しました。飲料水を汲み上げるほか、製紙や精密機械などの工業用水にも利用してきました。ただし、企業の地下水の利用によって、湧水の減少や塩水化などの問題が発生しています。豊かな水資源の現状に甘えた収奪的な産業経済活動を改め、資源循環型の活動への転換と節水対策の推進など、新たな地下水供給システムの構築が求められているといえるでしょう。

また、富士山の新たな見方として、確かに、その標高は三七七六メートルですが、稜線は駿河湾の海中まで延びていて、驚くことにそれは水深三七〇〇メートルまで入り込んでいます。合わせるとエベレスト級の山となる、まさに巨大な火山です。海と共生し、豊かな自然空間を持つ森林地帯が広がり、裾野には八〇万人近くの人々が暮らし、地下水利用型の企業活動が営まれるなど、自然と人間が一体化した生態、生活空間が広がっています。

その複雑な空間の中で、人々が、すべての資源の源泉となる富士山に対して、どのような認識と問題意識を持ち生きていくのか。今、現出している多様な環境問題をどのように解決していくのか、そして、世界の宝物となった富士山をどのような環境基準により守り伝えていくのか。日本人の心の拠《よ》り所ともなっている宗教的な伝統文化の継承を含めて、その対応策に、世界から厳しい評価と刃が突きつけられ、日本人の真価が試されている正念場だといえます。

第二章

傷だらけの山・富士山が泣いている！

二本の道路の開通からオーバーユースへ

遠くから眺める富士山は、昔も今も変わらず威風堂々、秀麗な姿でゆったりと美しい裾野を広げています。けれども、近寄って自分の足で歩いて見て回ると、「負の遺産」がどんどん積み重なり、さまざまな〝影〟が差していることに気づきます。その原因をつくっているのは私たち日本人です。富士山の姿に心癒され、たくさんの恩恵を受けている私たち自身が、無知という暴力や無意識の行動によって富士山をとてつもなくいじめ回していると感じています。まるで母なる山を子どもたちが傷つけているようで、とても悲しく、悔しく、そして切なくてなりません。

富士山の大きな変節を招くきっかけとなったのは、一九六四年、東京オリンピック開催に合わせ山梨県側に富士スバルラインが開通したことによります。山腹を削って道路を造り、削り取った岩石や土砂をそのまま斜面に崩し落としたため、道沿いの木々の根に地下水や雨水が行きわたらなくなり、瞬く間に枯れてしまいました。現在も一部は鉛筆のように葉のない木が立つだけの寂しい風景が残っています。

そして、その五年後には静岡県側に富士山スカイラインも開通し、富士山は車で五合目まで行ける身近な山に変容したことによって、日本で起きているさまざまな環境問題が凝縮して、急速にこの山へとなだれ込みました。何よりも山の斜面を削って道路を造ったことから、富士山の神聖さが失われました。その利便性ゆえに、たくさんの車が五合目に来て排気ガスをまき散らしたり、渋滞を発生させたり、観光客が押し寄せ神聖な雰囲気を壊すことなどは予測ができたはずです。しかし、地元の観光業者や山小屋、役人、政治家たちは、ひたすら観光振興の拡大による利益を優先して、オーバーユースに対しての抜本的な事前対策を講じませんでした。

海外の先進的な観光地の事例や環境対策、総合的な環境マネジメントの仕組みなどについて調査、研究をし、同時に車の乗り入れを規制する法律の制定、開発行為や景観保護への規制といった多様なセーフティネットを備えるべきだったのです。しかし、現実は道路に通行量の規制や制限もないので、車や観光バスが無制限に入ってきてしまい、オーバーユースの状態を招きました。これは富士山の観光地化に、一辺倒に突き進んだ当時の政治、行政、観光業者の思惑と利益優先の姿勢、市民の未熟さと無知、富士山への甘えなどに要因があると考えています。

現在、七月から八月の山開きの期間は、どちらの道もマイカー規制を行っていますが、観光バスやタクシーは自由に通れるほか、大勢の人が車を所定の駐車場に止めて送迎用のバスに乗り換えて五合目にやってきます。五合目に到着するとバスの登山客は一斉に集団化して登り始めるため、登山道に集中的な負荷や傷みがかかっています。時間ごとに登山者数を制限しコントロールするなど、入山者の総量規制の仕組みをつくらなければ、オーバーユースの問題は根本的には解決しません。

富士山が世界文化遺産になった二〇一三年の夏山シーズン、環境省の調査によれば登山者総数は三一万人でした。四つの登山道の合計が最大だった七月十四日の登山者だけで一万人。この数字は「信仰の山」に対して適正な登山者数といえるでしょうか。何十年もの間、夏山の登山者総数は年間二〇万から二五万人までで落ち着いていたのですが、世界遺産登録が話題となり始めた二〇〇八年から三〇万人前後に上昇しました。

狭い登山道を大勢の登山者が列になって進みます。なかには早く登りたいと追い越しをかける人もいて、さらにそれを追い越す人までいるという状態で、わずか一メートル弱の道幅の登山道が往復〝六車線〟通行となっています。ときにはさらに早く進みたい若者が斜面を駆け下り、ゴロゴロと石を落としたりすることも。私も昨年、吉田・富士宮両ルートを登って現場を確認しましたが、登山道が広がり、凸凹や浸食が激しくなったのを感じるとともに、斜面上には落石の危険性をはらんだ大きな石があちらこちらに点在しているのが見られました。

あまりにも多くの登山者がやって来たために、登山者の安全性が確保できない、憂慮すべき状況に陥っているのは明らかであり、同時にそれは、登山者にこれまで以上に危険が迫っているということなのです。まさに富士山は、世界一危険な山であり、無秩序・無防備・無制限な山として、世界的に負の烙印を押されかねない恥ずかしい山になっているといえます。

スキー場の照明でコウモリが飢える

世界文化遺産の登録には、「構成資産」と「構成要素」が定められると同時に、「緩衝地帯」「保全区域」が示されます。「構成資産」と「構成要素」は、富士山における三保松原を加えた二五の場所や建物です。「緩衝地帯」はバッファゾーンとも呼ばれ、二五の資産を効果的に保存するために、資産の周辺に設定された区域であり、「保全区域」は、資産と緩衝地域の外側に設定された、自主的な管理に努めるエリアです。

この全体が、富士山の世界文化遺産として管理される区域で広さが約七万ヘクタールです。そして、この内部には二三のゴルフ場があり、ひとつの広さが一〇〇から一五〇ヘクタールですから、全部で三〇〇〇ヘクタール近い土地が利用されています。また、自衛隊の東富士演習場と北富士演習場が計一万三四〇〇ヘクタールほどあり、富士山に向けて実弾射撃の訓練を日米が行っています。さらに、富士山の周りには民有地や公有地も複雑に入り組んで存在しているので、豊かな緑空間を保っている森林を民有地のままでしっかりと維持管理していけるのかと、不安が頭をよぎります。

世界文化遺産に登録される最大の目的は、「開発の抑止」です。ところが、富士山は逆に開発を促進するための付加価値をもらったとばかりに、登録確実との見通しがニュースで流れると、周囲の観光レクリエーション関連会社の株が売れに売れてストップ高となりました。このところ、以前に比べると開発のボリュームとスピードが抑えられてきてはいますが、現実的には、富士五湖周辺の観光地を筆頭に国内外から観光客が押し寄せ、観光業界は膨れ上がるビジネスチャンスにわき立っています。

海外からの観光客も急激に増えており、中国、台湾、韓国、米国、カナダのほか、最近はインドネシアからの観光客が急増しています。外国人旅行者は、観光バスツアーで五合目までやって来て大量のお土産を買い、富士五湖周辺のホテルに泊まっていくコースが多いようです。

そうした観光の流れとともに、富士山の見える別荘、マンションなどを売り出そうと外国資本の開発業者も動き始め、海外、とくに中国の億万長者向けの病院を造る計画まで取りざたされており、グローバルな範囲での乱開発の計画が水面下で進んでいます。こうした富士山ビジネスをもくろむ国内外の開発業者が多く現れ、皮肉にも富士山の傷みはひどくなるばかりです。

ひとつ、乱開発から生じた具体的な環境問題の事例をお伝えしましょう。日本には三〇数種類のコウモリが生息していますが、そのうち二三種類が富士山で生きています。夜行性なので、明るい時間はあちらこちらの洞窟の中で静かに休み、暗くなると外へ飛び出て、一日五〇〇匹～一〇〇〇匹の害虫を食べています。これほど食欲が旺盛で、生命力の強いコウモリが多数生息できるのは、富士山が豊かな自然を有しているからです。そして、コウモリたちが大量の害虫を食べるため、この辺りの畑では農薬をまかずにおいしく安全なキャベツやレタス、薬物などが収穫できる。環境保全型の高原野菜栽培を支えている主役は、実はコウモリの存在なのです。

ところが、たくさんのスキー場が夜中もライトを点けてオールナイトで営業するようになり、夜行性の動物たちに悲劇が訪れました。夜中も明るいために多くのコウモリたちが外に出られず、栄養失調で死んでしまったのです。共生関係のバランスがとれた自然の中で、光を点灯し続けることの悪影響を考えずに、人間だけの生産性、利益を優先した身勝手な行動が招いた恥ずべき現実の姿です。

そして、コウモリが虫を食べられなくなったために、野菜が害虫の被害を受けるようになりました。こうなると農薬をまかざるをえず、さらにはそのための経費で野菜の価格が上がって売れなくなる。つまり、自然の食物連鎖による循環システムに人間の無知がくさびを入れ、循環を断ち切ってしまった結果、最終的に人間にその〝つけ〟が回ってくるということです。だからこそ、まずは何事も自然の循環を最優先として考えなくてはいけないのです。

富士山において、開発行為や産業活動をいっさい禁止、停止せよというわけではありません。その行為によって自然界にどのような悪影響を与えるのか、自然との共生の知恵や仕組みを考えながら活動をすべきなのです。

一般的なスキー場で使われるような照明は、一三本の波によって光っています。実はコウモリはそのうちの三本の光の波に反応するために、それ以外の波によって光っているものは真っ暗にしか感じません。そこで、私は、スキー場の運営会社に依頼して、ナイター照明から三本の波をはずしてもらって、この件を解決しました。専門的な知識と勇気ある実効性の高い行動があれば、意外と容易に課題を乗り越えて自然と共生できるのです。

富士山が世界文化遺産に登録され、今まさに世界の宝物にレベルアップしたわけですから、そうした先進的な共生の知恵が、ますます問われ始めているところだと感じています。

1964年と1969年に建設された富士スバルラインと富士山スカイラインの開通によって、富士山 5合目までの観光客と登山客が激増

「信仰の山」から「観光の山」へ。

オーバーユースの抜本的対策が急務となっている

富士山の裾野に引っかき傷のように広がるゴルフ場群

深夜も開業し、光を放つ富士山麓のスキー場。光害がコウモリの生態系に悪影響を及ぼしている

黒いビニール袋を海藻と勘違いし、喉に詰まらせたオオハクチョウ。右の写真は、餌の水草とともに飲み込んだ釣り針が刺さって死亡した、オオハクチョウの喉

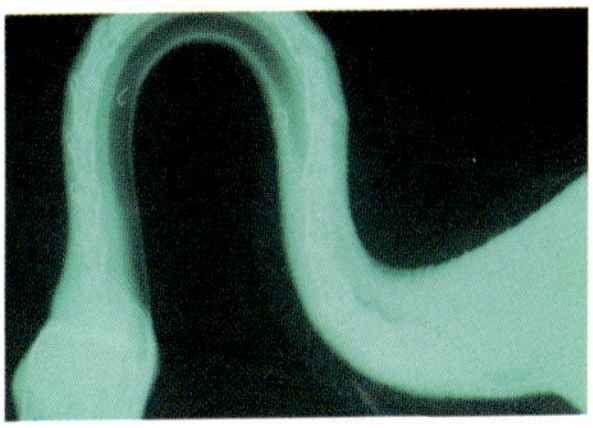

山小屋や環境省の公衆トイレから垂れ流された、登山者のし尿とトイレットペーパーが「白い川」となって山肌にこびりついている。美観を損ねるだけでなく、悪臭や地下水の汚染などの環境汚染の原因として、対策が必要な大きな課題となっている

富士山麓・吉田口登山道に散乱するゴミ

日本人の劣化が現れているといわざるをえない。

山中湖畔に観光客が放置した多種多様なゴミ

河口湖くぬぎ平運動場脇に捨てられたゴミ。富士山麓には、他県などから搬入されている産業廃棄物が後を絶たない

五合目におろされた山頂からの空き缶と空き瓶

マウンテンバイクによる富士山登山道への侵入者たち。アウトドア派による環境破壊行為といえる

富士山五合目に向かう自動車道路に散乱する紙おむつ

「ロードキル（道路上での轢死事故）」と呼ばれる野生動物たちの交通事故が、頻繁に発生している

天然記念物のコウモリ穴内部の落書と、エアーガンの弾

名勝・楽寿園の敷地内南側にある湧水によって形成される小浜池。かつては三島湧水群を代表する水量を誇ったが、1962年頃から湧水の枯渇が続く。上流部での水源林の伐採や、工業用水の汲み上げなどとの関係が指摘されている ©渡辺豊博

枯渇する湧水の現状把握が急がれる。

社会の歪んだ構図が不法投棄の原因に

富士山のゴミの問題は、多くの方がテレビのニュースや新聞でご存じでしょう。登山者が捨てる一般のゴミについては、以前に比べると確かに減少し改善されてきましたが、このところ登山者数に占める海外からの観光客が増加していることもあり、なかには持っているゴミや飲み終わったボトルなどを気にせず捨ててしまう人も見受けられます。富士山が世界文化遺産となった今、日本語がわからない人たちに対しても注意を喚起できるよう、諸般の対策を早急に講じなければいけません。

また、山小屋の自動販売機で飲料水を気軽に購入し、空き缶やペットボトルを持ち帰らない人は相変わらず多く、毎日ブルドーザー一台がそれらの搬出入や処分のために富士山を上り下りしています。

そして、さらに深刻なのが山麓における産業廃棄物の不法投棄の問題です。富士山の裾野には、主要道路のほかにも多くの一般道や林道が網の目のように通っており、誰もが容易に森林の中に入ることができます。そして、道沿いに驚くほど雑多なものが廃棄されているのです。タイヤ、廃油、冷蔵庫やテレビといった電化製品、住宅の建築材、ペンキ、自動車、オートバイ、使用済みの注射針といった医療廃棄物などなど、この世のありとあらゆるものが捨てられているのではないかと感じるほど。一番衝撃的だったのは、モデルハウスとして使われていた家が一軒、そのまま置かれているのを見たときです。

また、厄介なのは、地下に長い時間を経て徐々にしみ込んでいく廃油やペンキの扱いです。地元の住民たちは富士山の地下水を飲んでいますが、三〇年、五〇年経って、廃油やペンキが浸透し地下水に混入すると、健康被害が出て二度と飲めなくなってしまいます。その闇の危険が無意識の人々に猛威を振るうタイミングが次第に迫っているのかもしれません。

よく有名人や市民団体、NPOの呼びかけで集まった人たちが、ボランティアでゴミ拾いをしてくれていますが、ひとつだけお願いしたいのは、この活動と現場を新聞やテレビで報道するのをなるべく止めていただきたいということです。その一週間後、一か月後に追跡取材をした記者がいるのでしょうか。ゴミを拾ったという事実が報道されると、きれいになった場所に、またゴミを捨てに来る廃棄物業者がたくさんいます。ゴミ拾いがゴミを呼んでしまうという悪循環の実態があるのです。

私もNPO法人の活動で何度もゴミ拾いに携わってきていますが、注射針が落ちていたり、事件性のあるものが見つからないともかぎらないので、保健所に了解をもらっています。警察に事件性のチェックをされたり、拾ったもので出所がわかるものは先方に問い合わせるなど、ゴミを拾うことでの多大な労力と時間が費やされるというのが現状なのです。

また、日本の産業廃棄物処理法では、捨てられた市町村が処理することが原則となっているので、例えば、富士山北側に位置する人口約三二〇〇人の山梨県鳴沢村でも、よそから来た人が捨てたゴミを自分たちの税金で処理しなければならないという、明らかな矛盾が生じています。

広域的な要因で発生した問題は国が処理すべきであり、産業廃棄物については、法律をもっと根幹的に機動性のあるものに制度改正して、監視監督システムの強化や罰則を厳しく設定する必要があります。例えば、産廃の運搬車には必ずGPS信号を発信するチップを取り付け、取り付けていない車は使用禁止とし、取り付けている車については随時監視システムにより、移動ルートを追跡するようにする。こうした監視の仕組みがまったく整えられておらず、富士山の産業廃棄物問題は国の法律的な未整備のすき間に入ってしまい、富士山が汚れあえいでいます。千葉県では監視Gメンを組織、強化して成果を上げたようですが、山梨県と静岡県では加速度的に闇での処分が増え、問題が深刻化しています。

二〇〇八年、私が事務長を務めるグラウンドワーク三島では地元のボーイスカウト、ガールスカウトとともに、富士山の山梨県側でゴミ拾いを行いました。子どもたちが三年間かけて集めたアルミ缶のプルタブで一万五〇〇〇円を寄付してくれたので、そのお金で拾ったゴミの処分を産業廃棄物業者に委託しました。翌年、再びその子どもたちと静岡県側でゴミ拾いをすると、前年に業者に処理を頼んだはずのゴミが、静岡県側に持ち込まれ捨てられていたのです。

子どもたちから「どうしてお金を払って処理をお願いしたものが、ここに捨てられているの?」「大人は法律を守れないの?」「ここにあるものは私たちが捨てたわけではなく、大人たちが捨てたものですよね。どうして大人が捨てたものを子どもが拾わなければいけないの?」と、たくさんの質問を浴びました。これ以来、私は子どもたちにゴミ拾いをさせていません。

大人として弁明のしようがない悲しい実態は、現在の日本社会の歪んだ構図から生まれた問題です。最初に依頼を受けた企業は経費の一部をピンハネして下請けに出し、受けた会社がまたピンハネをしてより立場の弱い会社に下請けさせる。〝一番下〟で引き受けた業者には、一万五〇〇〇円が三〇〇〇円程度に減っているのでしょう。まともに処分をしては儲けがありませんから、闇の中へ捨てるわけです。いわゆる下請け業務の構造が、そのまま富士山におけるゴミの現場に入り込んできている。ただゴミを拾えばいいという単純なことでは、これらの問題は抜本的には解決しないことを証明しています。

社会の深層にある歪んだ構図を直さなければ、山梨県側がきれいになっても静岡県側が汚くなるし、両県がきれいになったら次は南アルプスが汚されるかもしれません。さまざまな角度から見て、日本の社会システムの歪みが富士山に凝縮されている。今や環境問題が多様に凝縮した、ゴミの墓場ともいえるほどのひどい有り様です。

かつての信仰の道にゴミを捨てる人々

捨て置かれたゴミを見るたびに、旧き良き日本人の心など見る影もないと感じることもあります。昔の人が「懺悔、懺悔」と唱えながら登った古道に、まるで家一軒分かと思うほどの大量のゴミが、不思議なことに道なりに捨てられている。まずはバックで運搬車を奥まで進めてゴミを捨て、次はその手前まで行って捨て、というように徐々に巧妙に長蛇のゴミの道を造ったのでしょう。意識的に古道を選んでゴミを捨てる、神なる山への挑戦かと勘ぐりたくなったほどです。

また、北口本宮富士浅間神社の裏から馬返《うまがえし》へと向かう道路があり、現在はきれいに舗装されて車が通行できるのですが、昔はやはり富士道でした。その道路に白いものが点々と落ちていたのですが、これは使用済みの紙おむつ。この道は夏山シーズンに渋滞するため、用を足した子どもの紙おむつを車の下に捨てるのです。タイヤで踏みつけられて、まるで白い足跡のように富士山へと向かっています。一つ二つではありませんから、ほかの車から捨てられる様子を見て、みんなが同じことをするのでしょう。

その昔、多くの人が自らの心を洗うべく、苦しい思いをして歩いて登った道に、このようなことが毎年起こっている。日本人としての道徳心も誇りも完全に捨てているとしか思えません。

世界文化遺産の構成資産となった山中湖では一〇年ほど前に渇水し、湖面が下がりました。すると、ふだんは水中に隠れていた湖岸沿いのゴミが姿を現したのです。花火の燃えかすからストーブ、ドラム缶まで散々な光景で、これが世界文化遺産に隠されている皮肉で、恥ずかしい事実です。日本は世界に向けてこの現状をどのように説明するのでしょうか。私はヨーロッパで世界遺産に登録されている湖をたくさん見てきましたが、ゴミの落ちているところなどありません。この先、ゴミを捨てられないような保全の仕組みや道徳教育の強化は考えられているのでしょうか。

ゴミを捨てようなどと思わなくても、ちょっとしたことで動物に影響を与え、知らない間に加害者となっている人も大勢います。湖の近くでふとした拍子に使っていたビニール袋が飛ばされ、透明のものならば大きな問題にはなりませんが、黒っぽい袋は白鳥が藻《も》と間違えて口に入れてしまい、息が途絶えて死んでしまいます。袋が絶対に湖面に飛ばないようにするのは難しくても、透明の袋を選ぶことは簡単です。富士山の周辺に遊びに行く人、その周囲に暮らしている人たちは、使うものを選ぶときや、何か行動を起こすときに、富士山や動物たちのことを考え行動してほしいのです。

アウトドアを楽しむことは一種の自然との共生ですが、それには前提というものがあり、自分で出したゴミは自分で持ち帰るのが当然のルールであり常識です。湖で釣りに興じる人は、使い終わったテグス（釣り糸）を短く切る、時間が経つと溶けてしまう糸を使うなど、生き物たちへの繊細な心遣いがほしいものです。意識的に捨てられたり、落としたテグスを呑んで死んでしまう鳥や、テグスが身体にからまって身動きがとれなくなり衰弱する鳥がたくさんいるのです。

また、釣りの最中にテグスが木に引っかかり、空中に電線のように張られた状態になることがあります。そこに鳥が飛んで来て身体に糸がからまる。そして、鳥が成長するとともに糸がくい込み、ある瞬間、首や足が突然ポロリと落ちることもあるのです。グロテスクな話ですが、湖のあちらこちらでそうなった鳥の死骸が見つかっています。

富士山において〝何か〟を使うなら、自己責任をしっかり自覚してもらいたい。富士山の名所である湖や森には、一方的に人間が好き勝手をしたという事実がはっきりと残っていて、それによって直接的な被害を受けるのは動植物たちです。富士山にはそうした事実や被害があまりにも多すぎるのです。

大勢の人が訪れる観光地だから仕方がない、人間の経済活動が優先されるべきだという意見もあります。しかし、ニュージーランドの世界複合遺産であるトンガリロ国立公園では、年間一二〇万から一三〇万の人が来るというのに、富士山に見られるような環境被害や問題は、何ひとつ耳にしたことがありません。

なぜ海外の世界遺産では、ゴミ問題や動植物との共生問題など、日本ではどこでも当たり前のように起こっている問題が起きないのでしょうか。なぜ日本人は、これだけの豊かな自然に甘えきって、保全のために自分たちが何をすべきなのかを考えないようになってしまったのでしょうか。

その主要因は、保全管理のための包括的な管理運営計画書やマニュアル、ガイドラインなどが整備されていないことにあります。管理者が不明確で、予算の付け方が明確ではない。さらには観光業者、観光客の意識が希薄化しているなど、まさしく環境や道徳について教育する社会の仕組みが、不完全で未整備で、世界的なレベルに届いていません。海外の世界遺産と比較すると、日本のレベルの低さに驚き、悲しい現実に恥ずかしくなります。

楽しむために山を傷つけ、動物の命を奪う

本来、アウトドアは自然との共生を考えながら行うべきもの。単に自分たちが自然を舞台にエキサイティングに遊ぶことが自然との共生だと勘違いしている人たちも、富士山を傷つける加害者となっています。

あるとき、私はマウンテンバイクに乗った六〇人ほどの人たちが、ガードレールを乗り越えて古い登山道に下りようとしているところを見かけました。人が歩くための道を六〇台もの自転車が走ったらどうなるか。石が崩れ、そこに雨が降ると沢のようになってどんどん地面がえぐれてしまう。「止めてください」と言いましたが、自分たちは自然を味わいに来た、自然と共生しているのだ、何が悪いと聞く耳を持ってもらえませんでした。

何が環境に負荷をかけているのか、真摯に正当性を持って学んでほしい。残念なことに、こうした野放図な人たちを止める法律はなく、指導する警備隊員、すなわちレンジャーも

配備されていませんから、富士山は無秩序、無制限の山になり下がっているのです。

さらにひどいのは、夜に動物たちを轢《ひ》き殺し（ロードキル）にやって来る車です。毎晩、アナグマやテン、キツネなど二〇頭前後が事故死しているのですが、けっこうな数の車が恣《し》意《い》的に轢いていると思われるのです。わざと動物の飛び込みを誘発するようなライトを点け、ブレーキもかけずに動物をはね、その後は片づけるわけでもなく走り去る。キツネがはねられた現場を写真に撮ると、ブレーキ痕は見当たりませんし、ぶつかってもよいように車のフロントにブレードを取り付けていたりするのですから、恐ろしいと同時に、動物が痛ましいとしか表現のしようがありません。

伐採、植林によって、荒廃する森の再生へ

富士山の森は世界に誇る美しさで、ぜひ多くの方に森林をゆっくりと散策して豊かな林相を味わっていただきたい。しかし、哀しいことに森林の一部もまた荒廃の危機にさらされています。富士山には自然林だけではなく、約五〇年前に植林したスギやヒノキの人工林が広がっていて、そろそろ伐採期を迎えているのです。

戦後、スギやヒノキは住宅や家具に使う木材として重宝されていました。それが一九六〇年頃から木材の輸入自由化が進んで外国から安価な木材が大量に輸入され始め、国産のスギやヒノキの需要が激減し林業が急速に衰え、森林は放置されるようになりました。木を切ることは自然に手を加えるよくないことだと思いがちですが、適度に間伐や伐採などを行わないと森林が荒廃し、暴風で倒木したり、土砂災害を起こしたり、地下水を蓄えて供給することもできなくなるのです。

富士山の国有林の中にも倒木、荒廃している場所があり、危険をはらんでいるものの、土地の所有者であり管理者である林野庁の予算は不足し、伐採して切り出すことができません。今のうちに古い木を伐採、間伐して、本来の富士山の森（混交林）を新たにつくり直さないと、森が弱り、荒れ果て、今後さらに問題が大きくなって、地下水の安定的な供給にも支障が発生するなど、富士山の再生がますます難しくなってしまいます。

湧き水が減り、周辺の街が乾いていく

第一章で、富士山は〝水の山〟〝水がめ〟であると書きました。大量に降る雨や雪が、森の中でゆっくりと栄養分を含みながら地中に浸透して、地下を通ってあちらこちらに湧き出て裾野における人々の生活や産業の糧となり、また、川となって海まで流れて広範囲に及ぶ生態系をささえています。水は山が与えてくれるもっとも大切な「命の資源」です。

ところが、富士山からの水の供給に異変が起きているのです。麓にある御殿場市と裾野市では、浅井戸と呼ばれる深さ二〇メートル〜三〇メートルの井戸のほとんどが、水質の問題で使用できなくなっています。昔は各家庭で井戸を掘り、そこに湧き出る水で生活していました。現在は上水道が使われていますが、井戸の水で淹れるお茶やコーヒーは、香りや味がまろやかでとても美味しいのです。

水質検査によって精密機械やフィルムを洗浄するための水に使われている化学物質が確

認されたため、山の中腹の工場から漏れ出た水が地下水に混入したことが、汚染の原因と考えられます。地下水の汚染は上流、そして浅いところから始まりますから、数十年先にはもっと広がるのではと不安が募ります。

また、塩水化の問題も出ています。駿河湾沿岸の富士市吉原地区では、水が豊富で地区内に数千本の井戸があるのですが、その水が塩水になってしまい、井戸の周りには塩が堆積し真っ白という状態です。富士山の地下水は斜面を下り降りるように海のほうへと流れますが、一方の海の水は陸地に浸食しようと、とくに満潮時には水位が上がり、地下水脈を逆流します。山と海、両側から来る水が地下で押し合い、富士山からの水の力が大きかったために海水を押し戻し、富士市吉原地区では以前は真水が湧いていました。

この辺り一帯には、たくさんの製紙工場があり、富士山の地下水をふんだんに汲み上げて紙を漉《す》いて洗っていました。その結果、富士山側からの水量が減って押し出ていく水の力が弱まり、海からの水の勢いが増し逆流して、井戸に塩水が出るようになってしまったのです。地下水の汚染も塩水化も、人間の自然に対する傲慢やエゴが招いたこと。このような状態に陥っても、吉原地区では多数の製紙業が営まれています。幸いにして隣接する富士川から工業用水を導水する供給システムを、静岡県が人為的に構築しました。静岡県にとって製紙業は主要産業ですから、富士川からの導水は仕方がないということでしょう。

ただし、富士山の豊潤な水量、途絶えない供給システムに甘え、油断して使い続けたツケは、地域内の井戸を使用不可に陥れ、地域の水文化を衰退させる悲劇を起こしました。自然の水循環のバランスとアンバランスの仕組みを正確に理解せず、人間の利益を優先した傲慢な地下水の汲み上げが、結果的には身近に存在していた井戸の消滅につながりました。先人の無知な行動がもたらした悲しい現実を、今後の富士山に対しての私たちの反省材料、行動規範にしなくてはなりません。

また、「水の都」と呼ばれた三島市では湧水が清らかな水辺の風景をつくっていたのですが、供給される湧水が減り、胸が痛くなるような汚れたつらい景色に変わってしまいました。国の天然記念物および名勝でもある楽寿園には、水が湧き出す面積五〇〇〇平方メートルの小浜池がありますが、往時は水深二メートル近い満水の状態が一年を通して続いていました。ところが一九六二年頃から枯渇するようになりました。それでも以前は一年のうち一一か月が満水で、枯渇するのは一か月程度でしたが、現在は夏のわずかな期間だけ水量が増えるものの、あとはカラカラの無惨な状態。富士山の頂上から約三〇キロ下流の地域に、これほどの厳しい現象が起こっているのです。

水の枯渇は小浜池に留まらず、近くにある菰《こも》池、白滝公園の池なども同様で、さらに市内を流れるいずれの川も水量が大幅に減りました。三島から五キロほど海側にある清水町の柿田川湧水群は、約三〇年前に一日一八〇万トンもの水が湧いていましたが、現在は一〇〇万トンを切る量です。三島市の上流の田んぼは、かつて九〇〇ヘクタールあったものが二〇〇ヘクタールまで縮小しましたが、これも地下水に頼っていた農業用水の不足が要因のひとつです。

富士山に近い〝上流〟の地域で、さまざまな工場が一日何万トンという水を汲み上げたため、〝下流〟の水辺における供給量が減り、〝乾いた街〟に変わってしまいました。もちろん、経済活動ばかりが原因ではありません。周辺の人口が増加して上水道で使う水の量が増えていることや、富士山の自然がしっかり維持管理されていないため、放置森林が増え、源のところで水を蓄える保水力そのものが弱まっているという現状もあります。いろいろな理由が複合的に重なり合い、有機的につながって水が減っていく。環境悪化の複合的悪循環の事例です。

環境問題、社会問題は富士山周辺の街や自然全域に影響します。だから、富士山圏域というエコロジーの循環システムはひとつにつながっているといえるのであり、共生の知恵を知らなかったり、一方的に利益の追求や収奪を目指す身勝手な考え方が入り込んでくると、循環のリングが切れるわけです。

そうなったら必ずなんらかの歪みが下流に現れ、やがては上流へとその悪影響が返るでしょう。そして、富士山全体が弱ってしまう。富士山に漂う影は光があって生じているものです。今は光ばかりが素晴らしく見えますが、その足下では影がどんどんと長く伸びて大きくなっているような気がしてなりません。影は後ろ側に出ますから、前を向いて歩いていると、より深刻となり複雑化していることが実感できない。これが現在の富士山が抱える影の現実ではないでしょうか。

バイオトイレなのに一〇万人分が垂れ流し

二〇〇五年まで、富士山の頂上では国が設置したタンク式トイレが使われていました。入り口は男女別ですが、内部は共同。夏山シーズンの間はし尿をひたすら溜めておき、閉山のときにすべて斜面に垂れ流し、その後に雨や雪が降って次の開山には見た目にわからなくなっている、という処分を行っていました。トイレは入って用を足すのが大変なほど臭く汚く、日本一の山の頂上にふさわしいものとはいえませんでした。

五合目以上には、山小屋のトイレと公衆トイレが合計四〇個ほどありましたが、いずれも同じ方式のものです。長らく垂れ流した末、トイレットペーパーは斜面の何キロメートルにもおよんで山肌にへばりつき、「白い川」のような痕跡を残しました。し尿は見えなくなっているものの臭いは強く、霧が出て道に迷ったときは臭いがするほうに歩くと山小屋にたどり着くと、まことしやかな冗談が交わされました。

確かに、これだけの標高で自然環境の厳しい場所にトイレを設置する技術や費用など課題は山積みでしたが、二〇〇〇年に当時私が事務局長を務めていたNPO法人「富士山クラブ」で、ほかのNPO法人や市民ボランティア、そして環境バイオトイレを製造している企業などと力を合わせ、実験的に富士山で初めてバイオトイレを設置しました。

バイオトイレの用の足し方は一般の水洗トイレと同じです。このとき使用したトイレの仕組みは、杉チップの消臭作用とバクテリアの分解作用によってし尿を炭酸ガスと水に分解するもの。無臭で汚物を出さない自己完結型の循環式トイレを開発、改善しました。この活動をきっかけとして、その後は行政が富士山におけるバイオトイレ設置の補助制度を拡充し、山小屋の努力などもあって、二〇一一年には四二あるすべての山小屋に計四九か所のバイオトイレが設置されました。

ただし、当時の夏山の登山者総数は何十年もの間二〇万人台で落ち着いていたため、四九か所のバイオトイレの処理能力は、二か月間フルに稼働して二五万人程度と見積もっていました。ところが、世界文化遺産登録ブームをきっかけとして、一〇万人以上も登山者が増え、二〇一三年で考えると計三一万人ですから、六万人分がすでにオーバーしています。加えて、シーズン中に私自身が登って見てきましたが、故障でいくつか動いていないトイレがあったり、電気代がかかるため意識的にスイッチを切っているものや、山小屋の外にあるトイレも、夜七時を過ぎるとスイッチが切られていたりしていました。トイレは二〇〇円か三〇〇円のチップを払う制度を取っていますが、これは任意であり、実際のところ山小屋のトイレで五割少々、頂上の公営トイレは三割少々の人しか払っていません。そのため維持費をカバーできないとスイッチを切ってしまっているようです。

この状況を考えると、バイオトイレとしては二五万人分の七割程度しか稼働していません。さらに山小屋が閉まった九月以降にも六万人ぐらいが登ったともいわれているので、ざっくり計算をすると、一二万人分近いし尿が垂れ流されたことになります。九月上旬に八合五勺目のバイオトイレがある場所を確認したところ、スイッチが切られて止まっているため、周囲は真っ白なペーパーが散らばって雪景色のようでした。新聞もニュースも取り上げませんが、トイレ問題は富士山の最重要課題といえるでしょう。

しかしながら現在、山に水洗トイレを作ることは正しいことなのでしょうか。エベレストにも国内の高い山々にもふつうは水洗トイレなどありません。みんな携帯用トイレを

■富士山の登山者数の推移

	全登山者数（人）
2005年	200,292
2006年	221,010
2007年	231,542
2008年	305,350
2009年	292,058
2010年	320,975
2011年	293,416
2012年	318,565
2013年	310,721

■旬別登山者数の割合

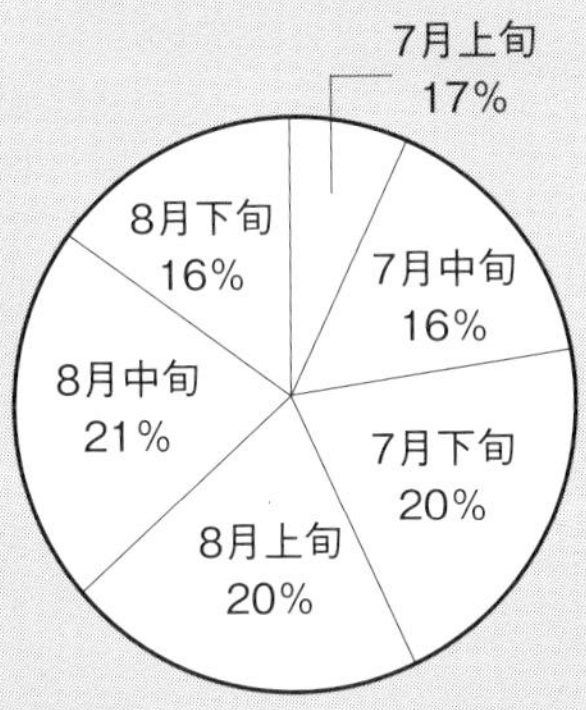

環境省関東地方環境事務所では、2005年度より、富士山の４登山道の各8合目付近に赤外線カウンターを設置し、8合目以上への登山者実数調査を実施している。2008年に 30万人を超えて以降、増減はあるものの 30万人前後で推移している（2013年９月発表の資料より）

持参するのが山登りの常識なのです。それなのに、なぜ標高三〇〇〇メートルの高所で平地と同じトイレが必要なのか。富士山におけるし尿処理の方法という根本的な議論がおざなりになっている現状があるので、登山者だけが悪いとはいい切れません。

　これだけのオーバーユースを野放図にしておきながら、人間としての基本的な問題であるトイレの不足を抜本的に解決しようともせず、スイッチを切ってトイレを稼働ささせないのです。

九月に入って閉山しても登山者がどんどん山に入っていくのに、行政はその場しのぎの対応しか行わない。まったくもって無政府、無法地帯となっています。行政に問えば勝手に登っていったと答えますが、勝手に登れるようになっていること自体がおかしく、せめて警察が九月末まで残って監視すればよいのではと思わずにはいられません。

ただ、登ってはいけないと定めた法律がないため、注意はできても法律を根拠に厳しい取り締りをすることができない。登山者は注意を無視することができる。体制がまったく不備な状態で、かえってほかの山のほうが対応が進んでいるかもしれません。

日本一高い山であり、危険な山でもあるのに、観光の山になっているため、ピクニック感覚の軽装で登って行く人が多すぎます。昔の富士山は神聖な山であり、登山者が用を足して山を汚すことなどあり得ず、トイレは自分で持ち歩いていたのに、そうしたことを登山教育として伝え続けなかったから、富士山の本質がすっかり歪曲されてしまいました。富士山に現れている実態はその証です。

レンジャーと救護体制の絶対的な不足

日本には全部で三一の国立公園があり、そこで働くレンジャー（自然保護官）は約三〇〇名です。富士箱根伊豆国立公園の富士山地域約八万ヘクタールには、そのうち三人が配属されているだけです。ニュージーランドのトンガリロ国立公園では八万ヘクタールに、ボランティアを含めた二三〇人のレンジャーがそれぞれの役割を担いながら、細やかに管理しています。わずか三人では富士山の管理などできるわけがありません。

また、救護施設は五合目から八合目まで計四か所。そのうち二か所は静岡側と山梨側の八合目にあり、登山のピーク時期にあたる一か月間弱は地元大学医学部の医師が一名常駐します。とはいえ、二か月で三〇万人も登る山で緊急に命を守る体制としては、期間も人数も不足しています。山梨県側の診療所は医師もスタッフもボランティアで、担当している方々の精神は素晴らしいとは思いますが、世界文化遺産の山に対して、緊急医療、救護体制がこのような組織でよいのでしょうか。

最近では、山小屋に泊まらず夜中に五合目を出発し、真っ暗な道を一気に登って、山頂でご来光を拝むという、いわゆる弾丸登山を目指す人も増えています。休みなく登れば高山病にかかりやすく、夜間の登山は足場が見づらく事故につながる危険性も高くなります。

夏山シーズンだけではありませんが、二〇一三年の富士山では滑落事故が増え、けがをした人は約一〇〇人と前年比の三倍となり、亡くなった方は計五人。登山経験が豊富というわけでもない人が早ければ五月に登り始め、九月以降でも平気で登山にやって来ます。

富士山に登るのは夏山シーズンのみと呼びかけても、誰もが自由に登山道に入れる状態ですから止めようがありません。平地では夏を思わせるほど暑くても、富士山の高所では地面が凍結し、その上にふんわり雪が積もっていることもある。ふつうの人がなんの技術も装備もなく登れば、足を取られて何百メートルも滑り落ちてしまいます。このままでは今後ますます好き勝手に登ろうとする人が現れ、事故が増えるのは明らかでしょう。

自治体、国の行政機関による縦割りの管理

富士山の八合目以上で事故が起きた場合、静岡県警と山梨県警のどちらが救助に向かうのか、話し合いに三時間かかる――そんな冗談が浮かぶのは、富士山の八合目以上は、静岡、山梨両県の県境が定まっていないからです。八合目以上は富士山本宮浅間大社の社有地ですが、地図上に県境の線は引かれていません。何かあったときにどこが対応するのか、誰が責任を持つのかはっきりしていないとは、企業など一般的な組織であれば考えられない状態です。

私は一九九二年に全国から二四六万人の署名を集め、富士山を世界自然遺産にしようと仲間たちと活動をしました。願いは叶わず、マスコミなどで「ゴミとし尿が原因」と語られましたが、当時のイコモスの現地調査に立ち会って実感したのは、富士山は「管理の一元化」ができておらず、管理上のグローバルな基準と比べてもあまりにも見劣りがすると

判断されたことが、最大の要因だったと考えています。

一部の県境があいまいなだけでなく、富士山全体が静岡、山梨の両県にまたがっているので、二つの県による管理では責任の所在が定まりません。そもそも富士山に対する両県の思惑や利害は大きく異なっており、共同で富士山一帯を守ることが難しいのです。

二〇一四年は夏山の開山シーズンの日程さえ統一されていません。山梨県では、富士五湖を中心に富士山を観光の資源として栄えた地域や企業が多く、今後ますます大勢の観光客に訪れてもらいたいでしょう。一方の静岡県には山小屋こそ二四軒ありますが、それ以外に富士登山に合わせて発展してきた観光地、宿泊施設などはほとんど見当たりません。静岡県民にとっての富士山は、水や作物を与えてくれる「恵みの山」なのです。

五合目から山頂へと至る登山道は全部で四本あり、そのうち三本が静岡県に、一本が山梨県にあります。登山者総数三一万人のうち六割は山梨県の登山道から登り、静岡県の三本は一三万人余りが分散して登っているので、負荷はやや軽いといえます。入山規制によってオーバーユースをいち早く解消すべきなのは山梨県の登山道であるはずですが、反対する県民や業者も多く一筋縄ではいかないようです。

静岡県も山梨県と歩みを揃えないわけにはいかず、抜本的な解決は見えません。二つの行政の立場が異なることで、富士山にまつわる多様な政策の立案や、大局的かつ広域的な制度設計がいつも中途半端となり、その場しのぎで終わってしまう。富士山が抱える影の中で、これが最大の問題かもしれません。

しかも、この二つの県にとどまらず、富士山には多彩な行政機関が関わって縦割りで力をおよぼしています。まずは「文化財保護法」という法律によって、特別名勝および史跡に指定されていて、文化庁の管理下にあります。道端の一木、一石といえども持ち帰ってはいけませんし、石をゴロゴロ蹴落としながら斜面を駆け下りたりすると、富士山を壊していると法律違反を指摘されます。

また、富士箱根伊豆国立公園の一部ですから、環境省が「自然公園法」をもとに自然風景地の保護、利用施設の整備を行うことになっています。さらには静岡県には国有林があり林野庁が管轄するなど、とにかく複雑です。それぞれの土地は所有者も、自治体、国、寺社、企業、一般の人たちとさまざまで、まさしく「縦割り」の日本社会と同じ構造となっています。

これでは、イコモスが求めた富士山の一元管理とはほど遠く、どんどん長く色濃くなっていく影をくい止めることはできません。

富士山は気が遠くなるほど多様な問題を抱えていますが、どのような問題であろうと効果のある対策を計画し、実行するためには、何よりも主体となる確固たる組織が必要なのです。

第三章

どうしたら、奇跡の山・富士山を守れるのか

一向に進まない世界文化遺産の〝宿題〟

富士山は世界文化遺産に登録されましたが、諮問機関のイコモスは富士山の影の部分もすべて調べ上げ、その実態を的確に把握しています。そのうえで登録を勧告し、二〇一六年二月一日までに実効性の高い包括的な対策を考えるように〝宿題〟も出しました。どのような課題なのか、まずは世界遺産委員会から出された勧告事項を転載します。

①アクセスの利便性・レクリエーションの提供と、神聖さ・美しさの質の維持という両側面の要請に対して、全体構想を定めること

②未だ特定されていない山麓の巡礼道の経路を特定し、それをいかにして認知・理解されるようにするのかについて検討すること

③上方の登山道の受け入れ能力を検討して、その成果に基づいて来訪者管理戦略を定め

ること
④上方の登山道及びそれらに関係する山小屋、トラクター道のための総合的な保存手法を定めること
⑤個々の構成資産が、資産全体の一部分、富士山の山頂から山麓にわたる巡礼路全体の一部分を成していることについて、どのようにすれば認識・理解されるのか周知するために情報提供戦略を策定すること
⑥景観の神聖さと美しさを維持するため、経過観察指標を強化すること

この中で①は、観光振興と環境について、富士山の本質性との共生やバランス調整をどのように進めるかについての全体構想、具体的なアクションプラン、ガイドラインの作成を求めています。②は、昔の人たちが登拝していた巡礼道が、現在の古道と呼ばれている道なのか証拠がないため、調査研究が必要だという指摘です。③は適正な登山者数を維持するための方針と手法を考える。④は登山道、山小屋、ゴミを下ろすブルドーザーの道について、富士山の神聖さ、美しさに調和するような保全方法を考える、という内容です。

⑤はビジターセンターの整備、構成資産の解説や関連を示す説明の方法、⑥は開発を制御して景観を維持する方法を、それぞれしっかり確立するよう指示されています。

以上六つの点について、具体的な解決策を議論、検討して報告することになっていますが、静岡県、山梨県が決めたことといえば、払っても払わなくてもいい一〇〇〇円の入山料（保全協力金）ぐらいで、時間的にほとんど余裕がないというのに、肝心の本質的な課題については対応が進んでいる様子は一向にありません。私は心配で夜も眠れない心境ですが、いずれも複雑多岐な課題であり、現場の利害対立もあることから期日までの解決はかなり難しい状況でしょう。

富士山の問題解決が、日本を変える

解決が困難な社会問題は、日本のどの地域にも存在しています。あまりにもありふれた問題が複雑にからみ合っていて、解決できそうで解決できないのです。課題を劇的に解決できる特効薬のようなものがなかなか見つかりません。特別に誰か悪い人がいるわけでも、よい人がいるわけでもありません。多様な人々がひとつずつ小さな罪を犯し、小さく傷つけていて、それが累積して重症化し甚大な問題となっているというのが、どこにでもある社会問題の現実の姿です。

富士山に突きつけられているのはかなり大きな課題ですが、逆にいえば、もしこのような複雑な問題を解決できたとしたら、日本の環境問題を一挙に解決できる特効薬を見つけたことになります。難しさの陰に巨大な達成感と喜びが隠れている。富士山は、私たち日本各地で暮らす人間が、真摯に課題解決に努力することを望んでいると感じています。

同時に、このまま問題が累積し、重症化していくばかりだと、富士山という偉大なる山が怒り始め、人間に対して巨大な制裁となる自然災害を科すのでは、という恐れを強く感じ始めています。昔の人々は富士山が爆発しないようにとつねに願い、荒ぶる山への変身を恐れ、鎮爆への祈りと畏敬の念を持つ宗教性を醸成してきました。ところが、現在の人間は反省もなく、収奪的な観光振興の道を突き進むだけです。富士山が山としての原点に戻り、自然に対して頭を垂れる謙虚な心を忘れた人間に対して、懲らしめの行為・制裁を科すため、近々に爆発するのではないかと危惧しています。今こそ、人間と自然が持続的に共生していく、レベルの高い知恵、仕組みづくりが試されているのです。

世界文化遺産への登録は、本来は、「共生の知恵」といえる処方箋のひとつだと思います。世界文化遺産としての富士山をどのように守り、伝えていくのかを考えたときに、この中に答えが内在しているのではないかと考えています。自然遺産や文化遺産への登録や勧告に関わり、現在、行政などが進めている、進めようとしている規制や抑制というシステムを、富士山型に変換する必要があります。そして、富士山に関わる多様な思惑や利害を調整しながら、利害関係者の誰もが百点満点を目指すのではなく、六〇点から七〇点ならと納得できる落としどころを探る。課題のひとつずつに、そのような中庸の解決策を見つけられれば、この複雑にからみ合った問題が一気に解決することでしょう。

では、どうすれば富士山が抱える複雑な問題を解決できるのか。ここでは私から、ひとつひとつが現実的で効果的な「アクションプラン（再生行動計画）」を提案します。

横のつながりを持つ「富士山庁」で一元管理

問題への対応が抜本的に進まない重大な要因は、七万ヘクタールにも及ぶ広大な区域を静岡、山梨の両県がそれぞれに管理し、地元の利益を優先することで身動きが取れないことにあります。世界文化遺産の登録は国がユネスコに申請して実現したことなのに、現在の富士山の管理体制に国の姿はあまり見えません。しかも、富士山は国立公園や国指定の特別名勝、国有林として、法律的にも国の複数の行政機関の管理を受けているのですから、なんとも不思議な現状です。

今、何よりも必要とされるのは、富士山を「一元管理」する仕組みをつくることです。現在の行政の縦割り型の法律による管理ではなく、国が「富士山庁」を創設して、横につながる新たなネットワークを構築し、一元的な組織をつくることが、富士山を持続的、一体的、包括的に守っていくための入り口となります。

国では富士山の世界文化遺産を申請するにあたって、文部科学省、農林水産省、環境省、防衛省、国土交通省などによる世界遺産関係省庁連絡会議を設けています。自然遺産ならば環境省が、文化遺産ならば文化庁が責任を担うなどの住み分けをしながら、横に連携をとって全体を調整し、合意したものをまとめて申請するのです。富士山の申請に関しては、オブザーバーとして静岡県、山梨県も入っていました。

「富士山庁」は、これらの現行の組織をベースとして、富士山に関連する多様な規制を一括で管理することになります。今のような縦割りでバラバラな管理・対応体制では、自然保護活動をしている人や地域住民の意思が反映される機会が少なく、役所の都合を優先した偏った議論や意見が優先されてしまう恐れがあります。大局的、包括的な組織としての機能を持ち、世界基準に準じた、現状の日本基準を超越した長期的な視点を踏まえた対策の構築を目指すものです。安全対策の策定も富士山全体で一元化すれば、八合目以上の県境が定まっていなくても問題はないと思います。今後、富士山の持続可能な保全対策を考えるうえで「富士山庁」の創設は重要な特効薬となるでしょう。

一元的な管理によって、富士山の問題解決を進めるためには法律による担保、「富士山立法」の制定が必要になります。現在、富士山に関わる法律は、網の目のように重層的に重なり合い、富士山の現場に適用されています。しかし、縦割り組織による法律の制定ゆえに、富士山全体を覆う包括的な規制が欠落しており、効力を発揮できていません。

「富士山環境保全法」のような、富士山を三六〇度すべて覆う国家的な法律をつくって徹底的に富士山を守っていく。この法律のもとで入山料（保全協力金）を徴収し、環境や景観に影響を与える行為に罰則を設け、裾野に捨てられた出所のわからないゴミを国の責任で産業廃棄物として処理するのです。過剰に観光開発して利益を収奪しようという動きは止めなければいけませんが、開発行為を止めなさいというわけではないのです。土地の所有権、管理権、利用権者をきちんと確定したうえで、開発の抑止などの制限と義務を加えながら、それぞれに法律の範囲をベースに理性的に使ってもらう。これが共生の知恵であり、その法律的な裏付けになるのが「富士山環境保全法」といえます。

海外の世界遺産では当たり前のようにある法律なのですから、富士山に適合した日本型の新しい画期的な法律をつくることが望ましいと思っています。

〝水の山〟を守る環境税で森林再生

資金のないところに、持続可能な「保全管理システム」をつくることはできません。静岡県が公表したところによれば、二〇一四年度の富士山関連の当初予算額として、約二七億円を計上していますが、そのうち一五億円近くが砂防、火山対策、造林管理などのリード事業です。実態はコンクリートを流し込むような工事で、私が調べているかぎり、世界遺産委員会からの勧告に対する調査費のようなものが計上されているのか不明です。山梨県も道路や堰堤を造るための予算が十数億円あると聞いていますが、マイカー規制や山小屋のトイレなどの調査を含めた環境保全対策の調査費は、わずかしかないようです。

二〇一四年の夏から、富士山の入山料（保全協力金）として五合目以上に登る人から任意に一〇〇〇円の徴収が本格的に始まります。静岡県、山梨県が徴収し、試算では約二億四〇〇〇万円の収入となる見込みですが、使途は明確になっていません。両県は利益を得るのですから、その徴収金を富士山にお返しするのは行政の責任であるといえます。

そう考えると、富士山から高額の経済的利益を得ている企業はたくさんあるので、その一部を富士山の環境保全のために還元するのはおかしいことではありません。現在、一流企業は営利活動のかわたらで、多様な社会貢献活動をしていますが、富士山の周囲に工場を持ち、地下水を使って製品を生産している企業は、ほかのところで社会貢献をしていても、富士山に対して何か具体的な社会貢献や利益の還元を行っているということをあまり聞いたことがありません。例えば、富士山の森づくり活動なら、水の供給システムを支える森林や涵養《かんよう》資源に対して、お金を投資することになりますから、事業の経費として計上しても税務上の問題はなく、株主への説明責任も果たせると思います。

とはいえ、社会活動を義務づけるわけにもいきません。それよりも、富士山の周りで地下水を飲んでいる、あるいは使っている人たちに対して、一トンにつき一円の税金（水源税など）をかけたらどうでしょう。概算で二〇億から二五億円の税収となり、一〇年分の徴収額は二五〇億円になります。これだけの資金があれば、荒廃している富士山の森の木々を植え替えて作り直し、保水力を高める環境保全の経費がまかなえます。一トンにつき一円なら、上水道の平均使用料で考えると一般家庭では月に一円程度の負担です。日本の富士山のために、月一円を負担できませんか。企業としても自助努力で支払い、吸収できる範囲の経費だと思いますし、商品の価格に加算してもいいでしょう。

いづれにしても、富士山を持続的に守るための新たな資金の確保、調達のための独自の税制制度をつくることが重要です。そうすれば、富士山は劇的に改善の方向に大きく舵を切れます。実際に、地域限定の特別な税金というのは珍しくはありません。神奈川県秦野市では、秦野市地下水保全条例において、二〇トン／日以上の地下水利用業者に対し、二〇円／トンの地下水利用協力金を徴収しています。静岡県では「森林（もり）づくり県民税」として県民から年四〇〇円を徴収して、年九億円あまりを間伐などの経費としています。海外では、オランダが均等性の超過課税として税金に上乗せし、毎年約一〇〇億円を徴収して、海抜〇メートル以下の国土の安全対策に当てている例などがあり、けっして前代未聞の乱暴な方法ではありません。

臨時のレンジャーを手配し、安全対策を

登山者の安全対策のため、現在八合目にある二つの診療所をひとつにまとめ、頂上の富士山測候所の建物を使って「高所医療センター」をつくります。富士山測候所は気象庁が富士山レーダーを設置して、一九六四年から一九九九年まで台風などの気象観測を有人で行っていましたが、ほかの観測技術が向上してレーダーの運用が終わったため二〇〇四年に無人となりました。現在は、私も専務理事として関わっているNPO法人「富士山測候所を活用する会」が、高所科学研究拠点として越境汚染の調査など、多様な研究を行っています。測候所には当時、気象庁の職員が三週間交替で常時滞在していましたから、堅牢な造りで設備も充実しており、建設から五〇年近くが経っても建物に問題はありません。

ここに医師を常駐させて、警察官やレンジャーも配置する。医療施設の確保、安全登山の確保、さらにはイコモスから富士山について詳細な報告があったなかで、プラスアルファ

の課題と指摘された危機管理対策においても、避難場所のひとつに使えます。

危機管理というのは、例えば夏山シーズンに地震や落雷、大雨など突発的な現象が起こったときに、大勢の登山者たちをどう保護するのかということです。地震で登山道が遮断されて、何日間か下りられずに閉じ込められるかもしれません。低体温症で死亡する危険性もある。そうしたときに避難所となる恒久的な施設をしっかりと備えて、管理を徹底するべきです。ビジターセンターをつくって同じように避難場所の機能を備えるとともに、四二ある山小屋にも個人の宿泊施設とはいえ、もともとは避難小屋としての公益的な役割もあったわけですから、新たな役割を担ってもらってもよいと思います。

富士山は安全管理が圧倒的に不備な状態で、無制限、無秩序という世界でもっとも危険な山になっていることは、すでにお伝えしました。二四時間いつでも入山できて、夏山シーズン以外もかなり大勢の人が登っているため、これが環境に大きな負荷をかけています。まずは、現在わずか三人しかいないレンジャーをもっと多く配置すべきです。夏の間だけでも臨時に一〇〇人規模で増やす必要があるでしょう。

アメリカやニュージーランドなど世界遺産に登録されている国立公園では、何百人ものレンジャーが管理維持に関わっていますが、全員が国の職員というわけではありません。アメリカのレンジャーは五階級に分かれていますが、もとは陸軍から始まった組織で、もっとも階級の高いレンジャーはピストルを携帯して大きな責任を負っています。同じ制服を身に着けていても階層別に責任が異なり、役割も分担されているので、コンポストのトイレを背負って下ろすことが業務という人もいれば、公園内に住みながらボランティアで活動しているという人もいます。日本でもこうしたレンジャーの組織を導入して、管理を徹底することで登山者の安全を確保すべきです。

アメリカ・カリフォルニア州にあるヨセミテ国立公園は、何百万年にもわたって氷河に削られ、ダイナミックな表情の岩山や渓谷が見事な景観を見せる世界自然遺産です。ここには九八〇人ものレンジャーがいて、年間四〇〇万人に及ぶ観光客を迎えています。

私が知り合った六〇代の女性レンジャーは、曾祖父、祖父、父親、その女性とご主人、娘さんの五代にわたってヨセミテのこぢんまりとした家に暮らし、レンジャーを全うしている一族です。四〇キロのコースをいっしょにトレッキングしてもらうと、どこに何の花が咲くのか目をつむっていてもわかるそうで、瞳を輝かせ自信に満ちあふれた解説をしてくれました。絶対にゴミひとつ落とさせない、この自然を一〇〇〇年、二〇〇〇年守り通すという決意と覚悟が伝わってきて、これほどの思いを持って管理されているヨセミテをうらやましく感じたものでした。

そもそもヨセミテを現在の三〇万八〇〇〇ヘクタールにもおよぶ広さの国立公園にしたのは、ジョン・ミューアという生態学者の熱意です。人間による環境破壊から守るために活動をし、同時に四季折々のさまざまな風景をスケッチして、国会議員や州知事、当時のルーズベルト大統領に送り続けました。ルーズベルト大統領は自らヨセミテに足を運び、ミューアとキャンプで語り合ったあとに法律を成立させて、エリアすべてが国の管理下となるように取り計らいました。

ちなみに、ヨセミテはパンフレットに「国立公園」と記してあるだけで、世界自然遺産とは一文字も書かれていません。入り口の看板でも触れず、公園内のビジターセンターの横に小さな表示があるだけ。世界遺産より自分たちの国立公園としての管理基準のほうが最高だ、というプライドがにじみ出ている光景です。

ひるがえって、今の富士山は、斜面に危険な石が多数あり、登山道を歩いている人に向かって落ちてこないともかぎらない切迫した状態にありますが、その石を取り除くことも、注意を喚起する表示もほとんどありません。登山をするかぎり自分の命は自分で守ることは基本となりますが、私がこれまで訪問した四二か所の世界遺産で、そのように危険を放置しているところは見たことがありません。危ない場所はレンジャーが警備し、または近くに山小屋があって迅速に危機的な事態に対応します。富士山も登山の安全性を確保するために、一刻も早く世界基準に沿った環境整備が必要不可欠です。

トイレの容量25万人分を
大きく上回る登山者。
その対策が遅れている。

富士山頂の旧トイレは、し尿が垂れ流しとなっていた。2002年に、環境バイオトイレが市民主導で設置された。杉チップを活用したゼロエミッション型・自己完結循環型トイレを導入。しかしながら、登山者の数が毎年 30万人を超え、オーバーユースとなっている ©渡辺豊博

放置森林の脆弱化が進行し、台風による倒木被害が増加している ⓒ渡辺豊博

森の荒廃が進む。
地球温暖化の影響も一因となっている。

地球温暖化の影響による雪崩が発生している ⓒ渡辺豊博

スバルライン５合目の雪崩の跡

融雪期の降雨や、急激な気温上昇などにより、雪崩が発生する。大規模なスラッシュ雪崩の痕が見てとれる

市民の共生・連携によって、
「水の都・三島」がよみがえった。

「水の都・三島」の源兵衛川は、楽寿園内小浜池を水源とする。湧水豊富な清流は、1960年代以降、どぶ川と化した

＊P116 ～ P120の写真は ⓒ渡辺豊博

市民が主体となり水辺再生に取り組み、清流がよみがえる。ホタルを生育できる自然環境となった

アメリカ・カリフォルニア州の中東部、シエラネバダ山脈に広がるヨセミテ国立公園。その壮大な自然景観美を守るためにレンジャーたちの活躍が欠かせない

アメリカ・ワシントン州にあるタコマ富士の愛称で親しまれるマウント・レーニア(標高 4,392m)。周辺は国立公園として指定され、園内のほとんどが自然環境保護地域となっている

ニュージーランドでもっとも素晴らしいハイキングコースといわれるトンガリロ・アルパイン・クロッシング。エメラルド・グリーンに輝く湖が点在する

次世代のために、環境政策を世界標準に学ぶ必要がある。

ビジターセンターでは、常勤しているレンジャーが対応。火山の知識やトレッキングコースについての情報を収集できる

ヘリコプターによるし尿処理。山頂と山腹の往復は 1日 50回にもおよぶこともある

屋久島の屋久杉の代表的なウィルソン株は推定樹齢 3000年以上。昭和中期まで盛んに行われた伐採後の巨大な切株が点在する。登山ルートの途中には分岐点があるが、十分に整備されていない

ビジターセンターで入山規制と危機管理

世界遺産委員会から、来訪者計画について適切な数を出すように勧告されていますが、私は夏山シーズンの登頂は山小屋四二軒の収容能力とバイオトイレの処理能力から算出して、二〇万人程度が適正だと考えています。二〇〇七年までは二〇万人台でしたから、近年のプラスアルファ分をカットする。これなら山小屋の権利を不当に奪うことにはなりません。

実際に入山規制を行うには夏に多数の調査員を富士山に配置し、二か月間毎日二四時間体制で登山者への聞き取り調査を行ったうえで、どのように調整して入山者を平準化すればいいかを考えるべきですが、実施の事実は聞いたことがありません。将来的には四本の登山道の入り口に「ビジターセンター」を設け、入下山を管理し、時間ごとに人数制限を設けて、午後五時以降には登らせないようにするなどの規制を強めることが必要でしょう。

静岡県、山梨県が実施する入山料（保全協力金）については、一〇〇〇円という金額と任意徴収という登山者の善意に甘える方法はおかしいと思っています。入山規制の意図をまったく果たさず、しかも法律的な根拠もなく、使途も不明確です。

二〇一三年に一〇日間試験的に徴収したところ、静岡県の収入が一四〇〇万円でそのうちかかった経費が八五パーセント、山梨県が収入二〇〇〇万円で、うち経費が五三パーセント。経費のほとんどは県庁職員の人件費だそうです。江戸時代でさえ富士山の登拝には当時の金額に換算して三五〇〇円ほどを払っていたわけですから、三〇〇〇円程度に金額を上げ、徴収の根拠となる法律を定めて登山者全員から徴収する仕組みづくりをしなければ、実効性は高まりません。

「ビジターセンター」もまた、世界遺産委員会から設置するように勧められている施設です。静岡県では「富士山世界遺産センター」という富士山の保存管理や歴史、文化を発信する拠点の建設に向けて、斬新な建物が計画されているようです。しかし、私が考えるのは海外の世界遺産で見学してきた「ビジターセンター」であり、危機管理を含めた情報センターの設置です。ヨセミテ国立公園では登山者は届出をして、その人の身分情報が入った登山カードを持ち歩きます。まずはビジターセンターでカードを機械に通すと、何時何分に誰が歩き始めたとシステムに情報が入り、その先の山小屋を過ぎるたびに同様に機械に通し、コンピューターが情報を管理しているのです。

もしいつまで経ってもどこかのチェックポイントにたどり着かないとなれば、コンピューターが警報を知らせ、ビジターセンターから顔写真や社会保険番号などの情報が近くのレンジャーに送られて、すぐに上下二方向から助けに駆けつける。倒れたときはヘリコプターが飛んできて、そのまま病院へ運ばれます。また山域では、麓が晴れていたとしても、上では雪が降っていることも珍しいことではありません。ビジターセンターではそうした情報を登山者に伝えて注意を促すだけにとどまらず、法律で権限が保証されているので、ときには登山を止めることもできる。建物はプレハブでもかまいませんから、日本でもこのくらいに充実したビジターセンターを要所要所に造る必要があります。

入山者数の話に戻りますが、頂上へたどり着くだけが富士登山ではありません。裾野にある六本の道を二合目、三合目あたりから登って森の中を歩き、五合目で引き返してくるルートは、風光明媚な景色をゆっくりと堪能できる素敵な登山コースです。下のほうは春夏秋冬いつでも入れるのですが、実は富士山には一〇〇本以上の散策コースがあるのです。一二か月、一〇〇本のコースを分散化させて観光ルートとして整備すれば、年間二〇〇万人が訪れても月一六〇〇人程度で、キャパシティとして問題はないと思います。今は整備されておらずトイレもありませんが、新しい観光コースとなりうるでしょう。

富士山には日本一高い頂上だけではなく、もっと多様な光が鮮やかに、艶やかに輝いている場所が数多く存在していることを広く知ってもらいたいのです。現在、五合目以上に登ることはオーバーユースに加わり、環境に負荷を与えることになりますから、これから三年間は頂上を目指さず、時には五合目までの森林浴に浸りながら、また周囲から秀麗なる山容を眺めながら、富士山をどのように守り、次の世代にどのように伝えていくのかを考える期間にしてほしいと思います。

富士山を教材に子どもたちに学びの場を

昔の人々は富士講という信仰を通じて、助け合いの仕組みや謙虚さ、道徳心、自然と共生する知恵などを学んできました。神の山であった富士山は日本人にとっては、社会のさまざまな仕組みや節度を教わる教育の場であり、だからこそ、〝日本の山〟〝日本人の心〟だったわけです。富士山が観光の山となってしまった現在、失われた学びの場に代わるものはなく、多くの人たちの無知、無意識が富士山をとりまく影へとつながっています。

改めて今の子どもたちには、富士信仰を通して日本人としての思想と哲学を学んでもらいたい。宗教と名前が付いているので奇異に感じるかもしれませんが、思想教育ではなく、あくまで道徳教育です。自然とどのように共生すればいいか、どうすればコミュニティを豊かにできるのか、弱者をどう支えていけばいいのかということを学ぶのです。まずは富士山の宗教性を通して、ご自分の故郷の文化、歴史、環境、あるいは社会問題を考えて、故郷の光と影を認識してください。愛郷心がなければ、愛国心も育ちません。もっと故郷をよくしたいと思う気持ちが、富士山の影を解決する道へと結びつく。富士山のゴミやし尿の問題は、日本人の歪んだ心が凝縮して起こっているものです。

そして、登山教育もしかりです。三〇万、四〇万の人が富士山に登ろうとどんどん詰めかけてくるのは、かつては富士講で得ていた山を登るための知識を教わる場がどこにもないからです。西欧の世界遺産や国立公園の山にはビジターセンターがあり、そこでレンジャーから登山の基礎についてレクチャーを受けなければ登れません。その人の安全を確保すると同時に、自然を傷つける危険性を摘み取って初めて山に入ることが許される。ビジターセンターはいわば山を守るためのフィルターです。

ニュージーランドには、三つの活火山を有するトンガリロ国立公園という世界遺産があります。子どもたちには学校の授業でしっかりとした登山教育が行われます。例えば小学校では年に一度、携帯用トイレを身に着けて学校へ行き、トイレに行ってはいけないというトレーニングがあります。大も小も立ったままでその中に用を足すのです。子どもの頃からそうした訓練をしているので、山に登って水洗トイレを使うといった意識はまったくありません。もちろんゴミは家に持って帰ると教育されているから、その場で捨てるなど信じられないこと。別の場所で靴裏に付いた植物の種をそのままにして歩くだけで、生態系に影響が出ることも教わります。

さらには、人がどれほど環境に負荷をかけるのかをわかりやすく説明します。箱の中に自然の土を入れて葉を散らし、子どもたちを歩かせてからジョウロで水をかけると、踏みしめたところだけ水が溜まる。箱を斜めにすると水で土が流されて川ができてしまうが、そこに数枚の葉を挿して立てると水が流れなくなる。こうして子どもたちになるべく圧力をかけずに歩くこと、団体でかたまらず分散して歩くこと、歩いたら止まらないということを教えたり、また、水や土を留める役割を果たす木を大事にするように伝えるのです。

こうしたことを日本では誰がどこで教えてくれるのでしょうか。教育システムに登山教育や富士山学習をまったく取り入れないまま、ただ富士山が世界文化遺産になったからと、大勢の人を呼び込み、お土産を買わせ、トイレを使わせて帰すなど、富士山の本質性に対して、日本人の思想や哲学を伝えてきた先人に対して、申し訳ないかぎりです。

また、毎年二月二十三日を「富士山の日」に制定し、イベント的な行事や、一部の学校を休校にしたりするなど、あまり効果のない施策が実施されています。

それよりも山小屋に昔の御師《おし》の機能を持たせて、登山や安全対策の知識、し尿の対応などについて学ぶ場にしてほしいところです。

さらにいえば、環境にやさしいエコ山小屋に変えて、登山者に開かれた避難所のような役割まで担ってほしい。国立公園、特別名勝の中で商売を営み、どの小屋も国と自治体に資金の九割を負担してもらったうえでバイオトイレを設置しているなど、一般的な自営の宿泊所とは立場が違っているのですから。いずれにしろ、生きた教材である富士山を使った学びの機会、自然や登山について学ぶ仕組みが求められているのです。

自然をチェックし、再生する準備を整える

富士山の類まれなる自然を研究して、記録をとり、また歴史をまとめて将来に受け継ぐための「富士山総合研究所」も開設したいものです。アメリカ・シアトルにあるマウント・レーニア国立公園には「山岳生物多様性研究所」があり、生物学や地質学の専門家がレーニア山にあるすべての植物の原種の苗を育て、どこにどういう植物が生息しているのか記録をとり、同時に自然の変化をつねにチェックしています。

例えば山火事が起きて植物が燃えてしまったら、そこにあった植物の苗を植えて元通りに再生する。日本から連れて行った学生が一か月間そこでボランティア活動をしましたが、毎日八時間、その大量の苗に生える小さな雑草をピンセットで取り除くという作業をしたそうです。

ここでは、自然現象が原因となる落雷による山火事が発生したときには、建物への延焼

を防ぐだけで消火活動は積極的には行いません。火事が起きると蒸気が上がって雲が出て、しばらくすると雨が降って自然に消える。植生そのものや土にも自然の山火事はよい影響があるのです。人々の巧みな活動と共生関係によって、原生の自然が大切に守られています。

現在、富士山には、このような富士山に特化した専門の研究所はありません。山梨県側に研究所的な役割を持った「山梨県環境科学研究所」があるだけです。富士山の豊かな自然環境を徹底的に調査し、多様で貴重な植生や苗木などを育苗し、保存研究する「富士山自然科学総合センター」などの創設が、富士山の原生の種と環境を守っていくためにも必要とされています。

屋久島の経験から見えてくる富士山の課題

一九九三年十二月十一日、日本で最初の世界自然遺産に登録されたのが屋久島《やくしま》です。私は今年二月に現地調査に赴きましたが、そこで明らかになったのは、登録後二〇年が経過した今、さまざまな問題に苦しんでいるという現状でした。

屋久島は、面積の約二〇パーセント、約一万ヘクタールのエリアが自然遺産の登録範囲です。原生的な天然林や際立った標高差による「自然美」と、高山を含む温暖帯地域の特異な残存植生が海岸線から山頂部まで連続して分布する「生態系」が評価されました。

まさに屋久島は、日本の「ジュラシックパーク」なのです。年間四五〇〇ミリを超す豊富な降水量と、海岸線から標高一九三六メートルの最高峰・宮之浦岳まで連なる山々が、豊かで変化に富む貴重な自然環境を形成しています。屋久島における登山は、日本の山々を南から北に縦走することに等しく、多様な動植物が重層的に密集した日本の秘境であり、原生の自然、生きた自然博物館といえます。

しかし、一九五〇年代までは国による凄まじい乱伐と激しい自然破壊の歴史があり、樹齢数千年以上の縄文杉の群落が無造作に伐採されていきました。木材不況の中、島民が森の貴重性に気づき、神々の山という原点に回帰する意識の変化があったことで、島民による保護運動が起こり、今の状況が奇跡的に保全されたのです。

その屋久島では、具体的にどのような問題が現れているのでしょうか。まず、年間三〇万人程度が来島し、二七万人程度が山岳部を訪問しており、その利用に関する問題が顕在化しています。踏みつけることで地面が裸地化するほか、ゴミの投棄、野生動物の人慣れや依存、違法な焚火による植生への影響、利用施設の混雑や故障、利用環境の不衛生化など、富士山と共通する問題が山積みになっています。

また、利用者のリスクも増大し、二〇〇〇年以降でも二〇件以上の遭難が発生し、死亡者や不明者も増加しています。富士山では、二〇一三年の夏山シーズンに遭難者が一〇六件と、それまでに比べて五倍に激増しました。さらに屋久島でも、施設の維持管理費の不足が深刻です。し尿の搬出やトイレの維持管理、使用済み携帯トイレ回収などの経費確保を目的として、登山口で一人一口五〇〇円の募金を集めています。これは、「屋久島町山岳部保全基金条例」に基づき屋久島町が募金収支を管理していますが、二〇一〇年以降、登山者の増加に伴い、し尿の搬出量などが二〇〇〇万円を超えて赤字が拡大。一方、富士山では条例などの法的根拠もなく、任意で一〇〇〇円の入山料（保全協力金）を徴収するようですが、今後、屋久島と同様に利用者負担とするのか、または受益者負担、行政負担とするのか、保全管理のあり方が新たな検討課題となっていくことでしょう。

山岳ガイドの質の確保も、環境保全と観光振興の共生の仕組みをつくるために、重要な課題です。屋久島では観光協会に所属する山岳ガイドは一六二人います。二〇年前の八・五倍ですが、高額なガイド料や質の低下への批判が増大しているため、エコツーリズムについてのガイドラインの策定が進んでいます。現在、富士山では、正式なガイド登録の制度や教育・監視の仕組みもありません。安全で質の高い富士山ガイドと、登山のための制度づくりが急務といえるでしょう。

さらに屋久島は世界自然遺産登録後、山岳部の利用に関する〝負のサイクル〟に苦しんでいます。施設を充実し利用しやすくすると観光客は増えます。しかし、利用体験の質は低下し、事故が多発して施設の維持管理費も増加します。登録前から将来の問題を見越して、厳格な入山料の徴収システムの構築や、トイレの計画的な整備計画の策定、持続可能な維持管理方法の確立、質の高い山岳ガイドの養成、適切な入山規制の制定などを整備しておくべきだったのです。その不充分さにより、現在、問題が複雑化し、抜本的な解決策、改善策が見つからない混沌とした状況に陥っているといえます。

この状況を踏まえ、富士山では今後、屋久島の経験から見えてきた課題を先取りした、戦略的マネジメントと保全管理のガイドラインの策定が、大変重要で先決の課題といえるでしょう。

利害を超越し、幅広い意見を集める組織を

富士山の世界文化遺産登録を目指すにあたっては、静岡県と山梨県は最高意思決定機関として二県学術委員会を創設しました。ちなみに、富士山が世界文化遺産に登録され、二県学術委員会は富士山世界文化遺産学術委員会と名前が変わり、現在も引き続き管理や保全方法などに意見を述べる立場のようです。委員会は大学の先生を中心に、両県が依頼した専門家といわれる人たち一三人が集まっていますが、このメンバーの中で富士山へ登ったことがあるのはわずかだと聞いています。現場の詳細を知っている人がほとんどいません。つまり、委員会で交わされる意見は富士山の現場と整合しているわけではなく、正確な情報も把握しないまま総論的で一般的な議論を行っているわけです。

もちろん両県は、自分たちの思惑で練り上げたストーリーを委員の先生方にしっかりと根回ししていますから、結論ありきの議論を事務的に進める〝シャンシャン会議〟のよう

な気がして仕方ありません。しかも、両県が根回しをするストーリーは、富士山利用調整会議という集まりの意見を踏まえて書き上げたもので、この会議の実態は山小屋や観光業の関係者——つまり富士山を営利目的に使用している人たちばかりです。このように偏った意見が基となって、富士山に関わるさまざまな事案の方向性を最終的に決めるとしたら、大きな間違いを起こすのではと危惧しています。

富士山はすでに世界文化遺産となったわけですから、学術的な意見をこれ以上語ってもらう必要はないでしょう。光と影の中でうめき、苦しんでいる富士山を現実的に誰が治療するのかを考えるべきです。例えば、私は子どもの頃から富士山を知っていて、これまでに七三回登っていますし、NPOの活動で厳しい現場の実態を見てきました。私のような人物がほかに何人もいるわけですから、そういう人をメンバーに加えるべきです。

現在の体制では、この地域で生活する住民や、何十年も富士山の森に通い続け、現場を知り尽くしている人、日本各地の山々を知っている人が意見を発する場が一切ないのです。何よりも、富士山は狭小な知識や考え方で実態を裁けるほど単純な山ではありません。役人と専門家が好き放題に進める委員会は、一般の人々の意思を代表した組織ではなく、しかもこれが国に認められて運営しているということは、とんでもない暴走だと感じています。

そこで地域における「富士山保全パートナーシップ委員会」のような組織をつくることが必要となります。「富士山庁」に情報を与え、勧告をする役割を担うのです。メンバーは地域の自治会を中心にした地縁団体、環境市民団体、多様なNPO、専門家、さらには行政機関、地下水による灌漑用水を使っている農家、富士山の周辺で事業を行っている企業関係者などによる横断的な組織にします。

そして私は、「富士山が変われば日本が変わる」と公言している人間ですから、日本全国で奮闘している人たちが集まる「日本富士山パートナーシップ委員会」も組織して、切実な庶民の声で日本全体を動かしたい。現場に足も向けず、机上の空論による意見や、偏った専門性を持った人には、富士山を、日本を変えられません。利害を超越して本当に富士山が好きな人たちの意見が表に出るようなフィールド、舞台をつくる。それができないというなら、行政が何か恣意《しい》的に真実を隠そうとしているのではとさえ勘ぐってしまいます。

富士山を今後どうすればいいかを考え、議論するにあたっては、他国の世界遺産や国立公園の保全管理のシステムについてもっと勉強すべきです。

イギリスの湖水地方は、美しい湖畔や森の中をたくさんのフットパス（散策路）が通っている景勝地で、年間一二〇〇万人から一四〇〇万人もの観光客が訪れます。ゆったりとカーブした道の織りなす風景が情緒に富み、どの道を通っても新鮮に感じます。ところどころに避難所となる山小屋があり、国立公園であることからレンジャーが立って安全を守り、ちょっと飲みたいと思う場所にはパブがある。自然を生かしたうえですべての施設やサービスが巧みに計算され用意されていて、自然と共生する観光はこうでなくては、と関心しました。

世界文化遺産である富士山もグローバルな基準にのっとり、理性を持って利益を得る観光へと、一日も早く転換しなければなりません。

パートナーシップ型の新しい仕組みで

世界文化遺産に登録されたのは、ゴールではなくスタートです。訪れる人がますます増えることによって問題が複雑化し、重症となっています。それを解決することは、富士山の近くにいる地元の人たちの社会的な責任だと思います。

私が調べたところでは、富士山に関わっているNPO法人などの市民団体は全部で一二〇団体ほどありそうです。実は以前、「富士山圏グラウンドワーク委員会」という、富士山について活動を行っているすべての団体でパートナーシップ型の組織をつくろうと呼びかけました。一年半かけて意見調整しましたが、結局は団体同士で足の引っ張り合いをして、ともに連携することができませんでした。

例えば、ブナの木の下に生えている竹を切ったほうがいいのか、切らないほうがいいのか。もともと竹は里山周辺にあったもので、風呂焚きの燃料にいいと富士山の森に植えた人がいたのですが、使う人がいなくなって標高一〇〇〇メートルぐらいまで生えてきてしまいました。せっかくブナが実を落としても竹のせいで光が当たらない、雨も遮られて腐ってしまって芽が出ないと、ある団体が一生懸命竹を刈っていたのです。ところが、別の団体が「それはおかしい。自然の倫理に反している」と猛反対して、両者で醜い闘いを始めるわけです。環境保護活動をしている人たちも生物学的な根拠をベースにもっと大きな視点で、対立や批判ではない協調、共生、連携という方向に意識を改革する必要があります。富士山全体は国境なき運命共同体の山、利害を超えた山ですから、〝大人のＮＰＯ法人〟というと妙ですが、組織の体質を変え、新しい市民組織をつくっていきたいと考えています。

そのひとつのヒントが、私が事務局長を務める「グラウンドワーク三島」だと自負しています。かつて〝水の都〟と呼ばれた三島市は、富士山の湧水が減って水辺を中心に街がどんどん汚くなっていて、きれいな故郷を取り戻したいと源兵衛川の環境再生から活動を始めました。富士山の地下水を汲み上げて使っている繊維関連の企業に対して、「ほかの河川に捨てている冷却水をぜひとも源兵衛川に戻してください」とお願いをして、今では一年中水が流れ、自生したホタルが乱舞する美しい水辺となりました。

同時に市民には森をつくる活動を続けてもらい、地下水の保全を担保として、市から費用を出してもらっています。ＮＰＯ法人は、そうしたアプローチができるような「環境マネジメント」の力をつけないと、新しいパートナーシップの仕組みはつくれません。

グラウンドワーク三島の活動は、人口一一万二〇〇〇人の小さな街だからできたことで、八〇万、一〇〇万人の地域でそのまま通用するとは思えません。けれども、市民、行政、ＮＰＯ、専門家、企業との連携により清流がよみがえり、行政も情報公開しながら税金を使ってやるべきことをやり、市民は現場へ行ってゴミを拾い、企業は営利活動に影響を与えない範囲で貢献している。誰も損をしないで街がきれいになり、結果的には、みんなが利益を享受しているのです。そもそもは誰もが問題の原因者なのですが、協力することによって、改革の志士や受益者になれるというわけです。

現在、静岡県と山梨県は、あまりにも狭小な目先の利益を求めすぎ、それを守ろうと細かいことばかりに対応しています。日本の、世界の宝物である富士山の美しさを五〇〇年、一〇〇〇年先まで守っていくための包括的かつ大局的な仕組みづくりに対応していません。このままでは、問題が解決できず、結果的には、地域で暮らす市民に責任が転嫁される危険があります。両県は源兵衛川の環境再生のノウハウを学び、富士山再生に関わるパートナーシップ型の社会システムをつくり、環境保全システムを構築するべきです。何をやるべきなのか、何が根本的な問題なのかを原点に戻って考え直さなければなりません。いっそのこと世界文化遺産の登録を返上し、富士山の恒久的な環境保全対策や観光振興対策を、包括的に策定することに務めたほうがいいのではないでしょうか。

両県とも最近、本気になって、世界遺産委員会に提出するための状況報告書の原案を作成し始めていると思われます。しかし、いくら屁理屈や〝べき論〟、理想論を並べ立てても、事実は歪曲され、隠蔽されて、解決の糸口を明確に説明することが難しくなるばかりです。建前に終始した嘘が広がり、深刻化してよいことは何もありません。世界を相手に嘘をつくことになり、日本の信用は失墜します。この恥ずかしい実態を、国民としてみなさんはどのように感じるのでしょうか。

世界文化遺産を返上して、改めて出直す覚悟を

富士山は、類まれな自然美のうえに文化遺産としての価値が存在していますから、次の段階として世界自然遺産としても認められ、最終的には、世界複合遺産として登録されるべき存在です。ただ、自然遺産は一元管理の体制を整え、傷ついている富士山の現状を解決しないと、登録は不可能です。

トンガリロ国立公園は一九九〇年に世界自然遺産となりましたが、ニュージーランドの人たちは自分たちの山を世界で初めての文化遺産にしたかった。当時は審査の中に自然を文化遺産と見なす評価基準（クライテリア）がなかったため、担当者がユネスコに陳情して「文化的景観」という評価基準が設けられ、一九九三年、正式に世界文化遺産と認められて、世界で最初の複合遺産になったのです。この地は先住民であるマオリの人たちにとっての聖地だったため、特別な思いで文化遺産登録を目指していました。もちろん評価基準

に対してすべて整備済みのうえでした。

トンガリロ国立公園は約八万ヘクタールの広さですが、内部にホテルやゴルフ場、スキー場もある、いわばリゾート地でもあります。もとは民間の所有地だった土地も少しずつ国が買収して、一〇〇パーセント近くを国有地にしました。けれども、管理運営については国、行政、企業、農家など土地を使用している関係者が話し合い、環境と経済の共生を考えながら進めています。ビジターセンターの中にはNPO法人が加わって、行政ができない業務を担当する。毎年トンガリロ運営資金として一般の人々に広く寄付を募り、五〇〇〇万から一億円を集めて国に提供しているほか、先に述べた学校での登山教育もNPO法人が実施しています。日本ではとても考えられないほどのチームワークです。

とはいえ、私たちも富士山を自然遺産にと熱い思いを抱けばかなうはずです。まずは、富士山を俯瞰《ふかん》的な視点で具体的に見ていくことが重要です。それぞれにどういう課題があり、それを全体として解決するにはどうしたらいいのか、それを実現するためにはどういう仕組みをつくらなくてはいけないのかを考える。こうすれば先が見えて優先順位もわかります。

実際、問題のオンパレードではありますが、それをあちらこちらで議論していては、何ひとつ具体的な解決策、整合性のある解決方法は見つかりません。とにかく、現場に頻繁に足を向け、さらに、国内外の世界遺産の山々から保全対策などの考え方や解決策を吸収する。一気に解決できるとはとても思えず、二〇一六年の状況報告書には間に合いませんから、自主的に登録を延期してもらい、五年後ぐらいに顔を洗って出直すのが、現実を踏まえた正当な段取りだと思っています。

そうしなければ、世界的な規模で、外交的なバッシングやネガティブキャンペーンのターゲットになりかねない危険性をはらんでいることを、行政の担当者や政治家は認識してもらいたい。当事者責任という重い十字架を背負って、富士山の保全を任せられているのだから、負の遺産づくりに邁進し取り組むことなど、論外であり、もってのほかです。

第四章
富士山と共生する喜び

言葉ではない言葉で、心を癒す〝セラピスト〟

最近では、富士山を世界最強のパワースポットとまで称する人がいるそうですが、富士山には傷つき疲れた人間の心を癒す、不思議な、そして大きな力が秘められています。

グラウンドワーク三島では、東日本大震災のあとに地元などで募金を呼びかけ、被災地の子どもたちやその家族を静岡に招待し、富士山の自然を体験していただく活動を続けています。

これまでに招待した人たちの数は、二〇一四年春の時点で一四〇〇名以上に上ります。はじめはおとなしかった子どもたちが、森の中を歩いて、壮大な景色やひんやりした空気を感じるうちに、みるみる瞳が輝いてきて元気になっていく。帰りのバスでは大きな声で歌っている姿を目にすると、富士山には言葉に表せない潜在的な力があると感じます。富士山を見て、歩いて、感じると、人間の本質を取り戻せる。だから、「母なる山」なのでしょう。

あるとき、震災でご主人、息子さん、営んでいる会社の従業員一三人を亡くしたという女性が、お孫さんを連れて参加しました。震災の八か月前に一億三〇〇〇万円もかけて立派な家を建て、社屋も三億円の借金をして建て替えたばかりでしたが、どちらも失って、お孫さん、お嫁さんと仮設住宅に住んでいます。

その方が二度目に参加したとき、ぐんぐんと生気を取り戻していくようだったのが印象的で、石巻に出かけたときに話を聞きました。たくさんの大切な物を失って莫大な借金を抱え、一度目に参加したときはいつ死のうかと考えていたというのです。

ところが、「また行きたい」というお孫さんの望みに応えて、再び参加して富士山に登ったら、お孫さんが「楽しかった、楽しかった」と大喜びする。自分にも、なぜか不思議な力と元気が湧いてきて「もう死ねない」と思ったそうです。そして、さらに、その後二億円の借金をして会社を再スタートさせ、残った従業員たちを呼び戻してがんばっています。

ロマンティックな話ですが、富士山は言葉では表現できない、なんらかのパワーを送って、人間の心を揺さぶる力を内在しています。今、日本ではさまざまな災害の予知が発表され、この先三〇年の間に、大きな地震や噴火、津波が発生し、天変地異が起こる可能性がとても高まっているという現実があります。実際に起こったとすれば、たくさんの悲しい出来事が襲いかかってくるでしょう。そうしたときに、日本の人々の圧倒的な悲しみを吸収して、支えてくれる慈悲の心を持つ存在には、富士山が際立っていると思うのです。富士山を精神的な象徴としてしっかりと守り、伝えていくことは、日本人としての責務ではないかと確信しています。

被災地の子どもたちを招待するツアーは、参加人数延べ一万人を目標に続けています。富士山はもちろん、ほかにもいろいろな場所や施設を見学して、おいしいものを食べ温泉に入って、こちらの子どもたちとの交流の場も設けています。子どもたちには、富士山が抱える問題も語り合い、多くの眼で現実を見つめて、どうすれば富士山を再生できるのか、アイデアを出してほしいと伝えています。

ときどき静岡の子どもたちを東北へ連れて行くこともあり、その子たちには、実際に被災地を見て富士山がどのような役割を果たせるのか、自分たちでその街をどうしたらいいのかを考えるように、と宿題を出しています。多様な体験と知恵は故郷を変える原動力になります。被災地でも、富士山でも問題の根っこは変わりません。

森を歩き、自然の共生を実感する喜びを

私は複数のＮＰＯ法人の活動に関わっていますが、そのうちのひとつである「富士山エコネット」では、二〇〇二年から富士山を実践的な環境教育の教材と見なしながら、エコツアーを企画、運営しています。おもに関西、名古屋の中・高校生の修学旅行ですが、学生さんたちが富士山の環境を実感することで、森があるから人間は生きていけるのだという共生関係を理解してもらう研修ツアーを提供しています。

自然という環境の中で人は心安らぎ、きれいな水や空気を得て、一部で食料も生産させてもらっている。その代わりに治山治水をして森を守り、地域や海、川を守っているということを、自分たちで現場に足を運んで具体的に感じとってもらおうと考え、始めたものです。

当初はキャラバン隊を組んで、名古屋、大阪の中学と高校を無作為に訪ねＰＲして歩いた結果、今では年間二万三〇〇〇人の中・高校生を富士山に連れてきています。

母なる山に癒されて。

グラウンドワーク三島では、2011年の東日本大震災支援活動として、「子どもを元気に富士山プロジェクト」に取り組んでいる。上の写真は、2011年８月に、震災以降初めて開催されたときのもの。親子での富士登山に大興奮。下は 2014年 3月、宮城県石巻市のサッカーチームの小学生と親御さんが参加(写真提供・グラウンドワーク三島)

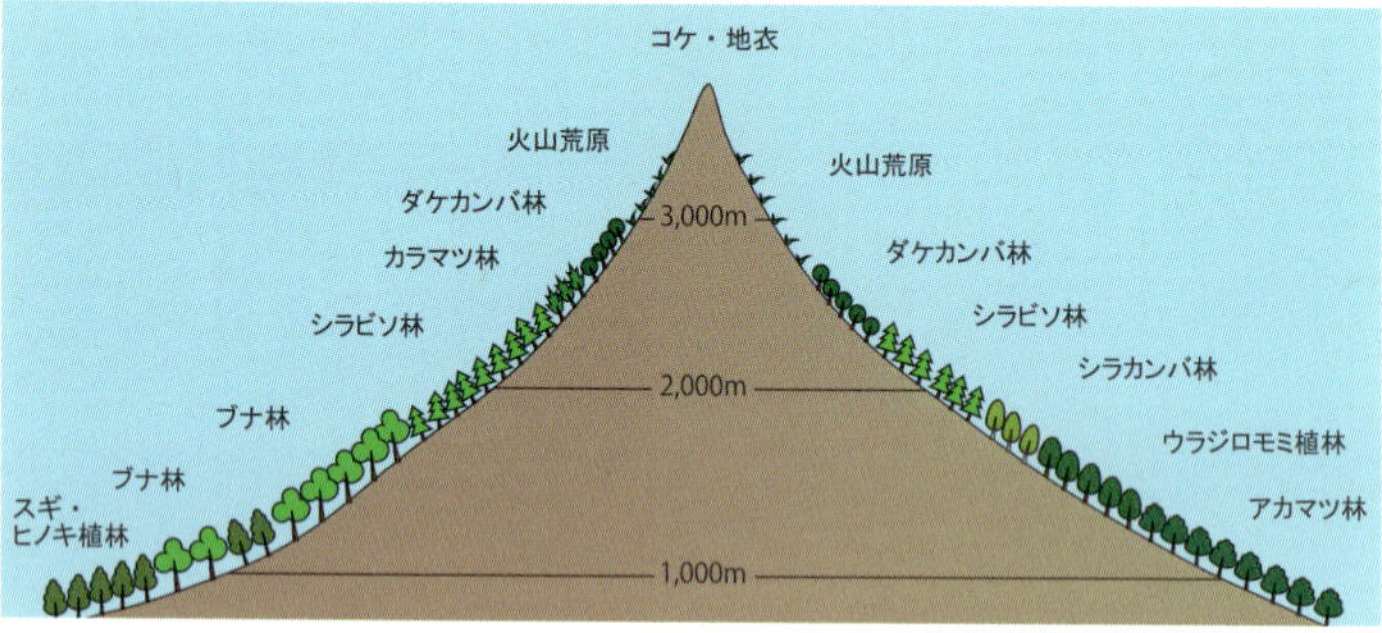

富士山では、標高700メートル以下の丘陵帯から、2500メートル以上の高山帯の間に、植物が垂直に分布している

頂上では味わうことのできない豊かな自然を感じてほしい。

ミズナラはブナ科コナラ属の落葉広葉樹。名前の由来は、木に水分が多いことによる

写真3点とも　ⓒ渡辺豊博

富士山の亜高山帯を代表するマツ科の常緑針葉樹。富士山の四合目から五合目あたりにシラビソの大群生が見られ、一斉林をつくっている

ブナ林とは、落葉広葉樹林で、ブナを中心とする森林のこと。春は淡い黄緑、夏は深い緑、秋は黄葉と景観が変化する

富士山麓に暮らす
野生動物たちを人間の横暴の
犠牲にしてはならない。

春は野鳥の子育て時期。大木の樹洞のフクロウのヒナたち

産卵に集まったイワナ。今では、在来のイワナではなく、闇放流されたカワマスも多い。イワナの棲む川にカワマスを放流するとすぐに交雑し、次第に繁殖力が落ちて両者とも滅びてしまう

初夏、蓮の花のつぼみに止まるカワセミ。水辺の自然のバロメーターだ

溶岩洞窟を飛ぶキクガシラコウモリ

カエデの樹液のツララの雫を飲むエナガ。全長13センチほどの小さな鳥

凍てつく冬の朝、水辺で餌を探すニホンイタチ

富士山の山地から亜高山にまで生息するニホンリス。夏毛は赤褐色に、冬毛は灰褐色になる

サクラの花を食べるムササビ。大木の残るほとんどの神社林で見られる

夕方に昇る満月が浮かび上がる感動的な現象。パール富士と呼ばれる。ダイヤモンド富士は、太陽が重なる瞬間

母なる山といわれる富士山に突風が吹くと、男性的な荒々しい富士山の姿が現れる

私たちは、この富士山を守れるのか。

ほかにも同じような活動を行っているNPO法人がいくつかあり、富士山全体で数えれば、年間に一三万人から一五万人の小学生から大学生が、エコツアーに来ていると思います。

子どもたちに自然について何かを伝えるときには、自然空間の循環の仕組みや生態学の知識を含めて、論理的、科学的に解説します。自然の中に存在するすべてのものが関わり合いを持っていることを現場で実感してほしいからです。

例えば、青木ヶ原樹海には雨が降っても水たまりや川ができません。この一帯は富士山の噴火で流れ出た溶岩が地盤になっていて、多数の亀裂が入った溶岩はすばやく雨を地中に浸透させてしまいます。それなのに、なぜ三二〇〇ヘクタールもの多様な森が広がっているのかといえば、木々の下にびっしりと生えているコケ類が雨を吸収して、樹木に水を供給しているからです。三センチぐらい厚みがあってフカフカで、溶岩の上に緑の絨毯を広げたよう。春はそのベールのところどころにピンクや白のかわいらしい小花が咲き、本当にきれいです。秋になって樹木から実が落ちると、コケ類から水を吸収してやがて芽を出し、育っていきます。

一方、コケ類も乾燥した状態は苦手ですから、夏に木々がめいっぱい葉を広げて直射日光を遮ってくれる環境は望むところです。こうして樹木とコケ類の共生関係は成り立っていますが、この広大な森林も自然の長い歴史の中で考えると、実はまだ形成途中。森の土台となる仕組みは弱々しく、人間が安易にコケの上を歩くだけで森の命を支えている絨毯を傷めてしまうことになり、その末に倒れてしまった木々も見られます。また、足で踏み固められた地面に水たまりができるようになり、以前は富士山の周りには生息していなかったサルやシカが、かなり見られるようになりました。

こうした話をわかりやすく説明しながら森を散策すると、子どもたちは「このコケひとつひとつが、そんな役割を果たしているの？」と目を輝かせ、さらに興味を持っていろいろなものを見つめ、触れていきます。生き物にムダなものなどひとつもない。すべてが必要とされる命を持って、宇宙の中で一定の役割を担って存在しているのです。一見、枯れて汚く見える草木もありますが、そういうものも含めて集まり、素晴らしい森をつくっている。樹齢何百年の巨木も小さなコケたちに支えられている。子どもたちは自ら現場に行って、こうした自然の共生関係を目の前で実感し、感動を覚えるのです。

闇夜の森で感じる、風の流れや動物の鳴き声

現代の子どもたちは四六時中、騒音の中で生きています。そこで、携帯電話の電源を切って、静寂という空間に身を置く体験も行っています。ナイトツアーと称して、子どもたちひとりひとりをロープでつないで、夜中の青木ヶ原樹海へ連れて行く。迷子になったら命に関わりますから、五人から一〇人のグループをつくって道に立ち止まってもらいます。

三〇センチ先も見えないほどの真っ暗闇の中で、隣にいる人の顔も見えず息づかいだけが聞こえる状態というのは、ほとんどの子どもにとって初めての経験です。一気に恐怖が押し寄せて、みんなキャーキャーと悲鳴を上げます。でも、しばらくすると、なすすべのないことがわかって、それまで感じていなかったものを全身で感じ始めるのです。

冷たく爽やかな風が吹いてきて、少し時間が経つと冷たい風と暖かい風が交互に吹いてくる。人が集まると空気が暖り上昇し、下に冷気が集まってくるのです。木々の葉がすれ

る音も聞こえてきて、広葉樹と針葉樹で音が違うことに気づきます。いろいろな獣の鳴き声や鳥の声が響き、ときおり闇夜にキラリと動物の目が光る。自然の深い闇の中で無防備に人が立っているなど、通常ではありえないことですが、この状態が人間と自然の共生の関わりです。

約三〇分後に子どもたちを迎えに行くと、「鳥の声が二〇種ぐらい聞こえた」「動物の声を一五種類も」「葉っぱのすれ合う音がうるさいくらいだった」などと、自分たちの新しい発見に驚いた様子です。注意をきかないヤンキー風の男子も「けっこうおもしろかった」などと言ってくれます。

最初は恐怖で悲鳴を発したものの、少し落ち着いて口をつぐみ静寂が訪れても、すぐには何も聞こえない。でも、耳の聞き取る力が、徐々に離れた場所の音を拾うようになって、聞こえてくるのです。そして、においをかぎ取る鼻の力、風を感じる肌の感覚がどんどん鋭くなってくる。目も初めのうちは何も見えませんが、見上げると木々のすき間に星が瞬き、だんだん闇の世界に慣れてきて、遠くにあるもののおぼろげな形まで捉えられるようになる。まるで潜在的に持ちあわせている動物としての機能がよみがえってくるかのようです。

人間は小さな存在で、もしも夜にこのような場所にひとりで立っていたら、野生動物が食料にするため命を奪いにやってくることもあるでしょう。人間が自然界で優位に立っている、ピラミッドの頂点に立っていると考えるのは単なるおごりです。自然の中で周りのことを考えずに自分たちだけが楽しむ姿、あるいは利益のために、自然界において一方的に恵みを収奪する姿は、けっして正しいものではありません。

共に生きる仲間である動物の空間を守り、大切にしないと、結果的にそこに食料がなくなって、動物は生息する場所を失い人間の生活空間に下りてきます。もともとは動物の空間であり、共生関係を壊したのは人間ですから、奪い返しにきます。子どもたちには、自然の力についてしっかりとした専門的な情報を提供して、実感させて、確認させて、理解させる。学校で教わってもわからない共生の関わり方を知るために、富士山は最高の場所なのです。

ただ、残念なことに地元である富士山麓の小・中学校では、富士山に出かけて実習することはおろか、授業の中で自分たちの地域として富士山のことを学ぶ機会は、ほぼないようです。

いつもそばにある山に親近感はあっても、特別な存在と思い至らないのかもしれません。地元の子どもで富士山に登った経験があるのは一〇パーセント程度で、ほかの地域より少ないと聞いたことがあります。

富士山を含めた故郷や地域への愛郷心を育むためにも、地元の子どもたちこそ足を運んで、その豊かな自然環境と起こっている問題、魅力や不思議を実感して、興味を持ってもらいたいと願っています。

豊富な動植物が生きる富士の森を歩いて

富士山の五合目までを覆う豊かな森は、子どもだけでなく大人にも素晴らしいひとときを与えてくれます。裾野から登っていくと、まずはシイやカシなどの照葉樹林が広がる低地帯から始まり、ブナ、ミズナラ、アカマツなど落葉広葉樹が中心の低山帯、シラビソ、ダケカンバ、カラマツなどの針葉樹林帯となる亜高山帯と続きます。低山帯まではスギやヒノキの人工林も多く見られます。

五合目から先は、森林限界を越えて頂上までが高山帯。ところどころ背の低い草本類が低温や強風、不安定な火山砂礫の地面に耐えています。富士山の植物相は、この四つの区分に植物とシダ類を合わせて約一二〇〇種類が生息し、なかには貴重種とされるものも含まれています。標高によって気象条件が大きく異なるため、約八〇〇メートル上がるたびに区分が変わり、森林の様相が変化していく様子が見られるのです。これを「垂直分布」

と呼びますが、富士山から北海道まで移動したときに見られる水平分布の変化と同じです。

富士山の五合目以下のエリアは、森林の密度、動物の密度ともに日本一であり、世界一ではと思うほどです。ヨーロッパの世界遺産における動植物の密度と比べると、富士山には三倍から五倍近い数が生息しています。哺乳類は日本で暮らす約一〇〇種類のうち四〇種以上がいるといわれ、ニホンカモシカやヤマネは天然記念物です。広葉樹林帯にはほかにもニホンイタチやモモンガ、ニホンリス、ムササビなど、針葉樹林帯にはオコジョ、ツキノワグマ、テンなどが暮らしていますが、夜行性のものが多く、実際に姿を見かけるのは難しいかもしれません。

また、鳥類は一〇〇種類以上が繁殖しているとされ、季節によって移動する渡り鳥を含めると約一八〇種類が確認されています。日本の豊かな自然が、円錐形の富士山に垂直状に密度濃く集まっている。この豊穣な森こそ富士山の最大の財産です。

ところが、もったいないことに多くの人が目指すのは〝はげ山〟の頂上ばかりで、森はいつも閑散としています。一〇〇本以上あるといわれる裾野のフットパス（散策路）の整備や広報が進んでいないことが、残念でなりません。さらに、富士山全体の植生や動物について正確に調査し、把握している機関がないことも気になります。なるべく早く「富士山総合研究所」を設けて現状を確認し、環境を保全する最善のプログラムを検討することが望まれます。

先に、青木ヶ原樹海でのコケ類と木々の共生について触れましたが、ブナやミズナラなど落葉広葉樹の森では冬に葉を落とし、周囲の灌木などに陽光を当てて成長を促し、けれどもあまり大きくなりすぎないよう、夏は葉を広げて日差しを遮ります。広葉樹にとって、自分の周りの灌木は雨で地面が削れたり、土砂が流れ出るのを防いでくれる存在ですが、とはいえ大きく成長すると自分の生育の邪魔になる。葉を落とすことには、樹木の巧妙な戦略が仕組まれているのです。

また、ミズナラは地面から吸い上げた水を、幹の表面近くの導管で枝や葉に速やかに運んでいます。幹に耳をつけると心臓の鼓動のような水の流れる音を聴くことができます。

昔の日本人がしたように森を歩き、壮大な自然に感動し、うまくつくり上げられた仕組みや共生の知恵を教わると、いくつになってもワクワクと喜びが湧き起こってきます。それが富士山を登る本質的な意義。時を超えて、富士山は私たちの人間力を育成してくれる「生きた教材」であり続けているのです。

美酒美食をいつまでも楽しむために

富士山の湧水量が減って池や川が枯渇し、井戸水が塩水化するなど、富士山の水の供給システムには異変が起こっていますが、調査によれば現在でも山梨県には一〇〇か所、静岡県には四〇〇か所の湧水地があり、場所によってはその水が飲めるといわれています。富士山の水はすべて軟水、pH七～七・五と中性で、水温は一二～一五・六度くらい。同じ水源の水なのだから味も同じと思う人が多いのですが、無色透明で淡白というベースは共通しているものの、飲み比べるとすべて味が違います。グラウンドワーク三島のホームページなどで富士山の湧き水スポットの情報が調べられるので、〝飲み歩き〟もおすすめです。

実は富士山は静岡、山梨の両県に限らず神奈川県にも命の水を供給しています。神奈川県の相模川は山中湖が源で、上流は桂川。山梨の山地を流れてくる道志《どうし》川も相模川に合流し、酒匂《さかわ》川は富士山の東斜面から湧き出て小田原から相模湾へとたどり着きます。広大な範囲に影響をおよぼす円錐形の富士山とどう付き合っていくかは、富士山が美しいからというような情緒的、抽象的な面から考えるのではなく、飲んでいる水がおいしい、空気が爽やかといった、自分が生きていくうえでの基盤を与えてくれるものとして考えるほうが実感しやすいかもしれません。

その富士山を誰が責任を持って管理し、保全の役割を担っているのかを知ったとき、現在のように代表する管理者がいない状態では明らかに不安であり、不満が募ります。そして、少しでも富士山の恵みを受けて生きていることに気づいたら、やはり何かしらのお返しをするのが、自然と人間が築く共生関係というものではないでしょうか。

富士山圏域に暮らす人が中心の話となりますが、水のことを考えれば神奈川県の人も同じ立場です。もっと幅を広げて、駿河湾や相模湾で捕れた海の幸を食す、静岡や山梨で採れた野菜や果実を食べる、富士山周辺の工場で作られた飲料を飲む、自動車や紙を使うなど、いろいろたどれば、富士山から離れた場所に住む人もどこかでつながりがありそうです。

工場で作られたものは別としても、富士山の周囲で作られるおいしいものを食べることは、共生の大きな喜びです。日本一の生産量を誇るわさび、御殿場の伝統野菜である水かけ菜、そして米も合わせて、いずれも富士山の清流で育てられた地元自慢の特産物です。畑で採れる野菜は、緑が濃くて味わい深く甘みがあります。外気温が〇度の寒い時季でも水温が一五度ぐらいある地下水を畝《うね》に通せば畑が凍らず、おいしい野菜が収穫できる。富士吉田のうどん、山梨のほうとう、富士宮のやきそばと、水を使って作るめん類にも名物があります。

また、静岡は吟醸王国と呼ばれる地酒のおいしい土地ですし、山梨は日本酒に加えてワイン、ウイスキーも名高い銘柄が多く、こうした美酒美食をいつまでも楽しむために、富士山の湧水の問題について、今のうちに有効な対策を講じておかなければなりません。

富士山を意識し、できる範囲のアクションを

少なくとも関東地方では、「富士見」と名のついた町や坂、橋はかつてそこから富士山が見えていたことを示していますが、高層の建物がどんどん眺望を遮って、今や多くの人が名前の意味に考えが及ばなくなってしまいました。また、登拝して拾ってきた石を故郷に持ち帰り、積み重ねた「富士塚」には処分されたものも多く、富士講ともなればごく細々と行われているだけ。遠い地ではもはや人々がふだん見ることのない富士山を、意識することなどないでしょう。ただ、富士山の宗教性は、人々の「鎮爆」の願いから生まれたものであるだけに、現在も噴火の危険性に対する恐れは強まっているようです。

この先三〇年に、宝永の大噴火と同じような大爆発が起きる可能性は七〇パーセントの確率ともいわれています。溶岩流は富士山周辺に過酷な被害をもたらしますが、風向きから考えると火山灰は神奈川や東京に大量に降ってきます。遠くで暮らしていても、関係な

いとはいえない事態が予想されます。本書で「噴火をすれば」と書くことは、イソップ童話の「オオカミが来た」と叫ぶ少年と同じような気もしますが、富士山と共生しているこ とを忘れずに、相手のことに関心を持ち、知り、思いやるのは当然のことです。そして、相手に負荷をかけないような、人間としての常識、道徳心を持った行動を心がけてほしいと願います。

私は、富士山はそろそろ我慢が限界に近づき、今にも怒り出すのではないかと懸念しています。しっぺ返しを喰らいますから自分自身で覚悟を持って、三年間は富士山の頂上には登ろうとせずに、自分が富士山とどう付き合っていくべきかを思案してみましょう。そうすると、自然と富士山がどういう山なのかを知りたくなりますから、文化や歴史についても勉強してください。光の部分は知識、影の部分は社会的課題で、これは富士山周辺に限らず、どの地域に住んでいても共通していることです。

どこにおいても自然とコミュニティとの共助の仕組みが希薄化しています。勉強を始めたら、自分の暮らす地域に目を向け、住民としての意識を持ち、市民として何ができるのかを考えて行動してください。例えば、ゴミ袋を持って散歩をする。いつもと違う道を歩いて街の中で歴史的な建物を見つけたら、守っていこうと心に決める。各地のNPO法人ではいろいろな人が活動に奮闘しているので、参加してみる。歴史を知る活動でも、地域の川へハイキングに出かけるイベントでも、自分の地域を見つめ直すきっかけとなることでしょう。

そしてもうひとつ、富士山にもいろいろな関わりを持ったNPO法人が多数あって、多彩なイベントを開催しています。本書を読んでいただけたのであれば、富士山に起こっていることは自分の地域で起こっていることと理解してもらえたのではないかと思いますので、当事者意識を持ってぜひ興味深い活動に参加してみてください。NPO法人のイベントの現場に足を運んでも、遠くから寄付活動に関わるだけでもかまいません。富士山をただ楽しむだけでなく影の部分も実感して、少しでもお返しすることをお願いします。感謝をして、富士山の光が増すように活動することは、富士山と関わりを持つ人にとって楽しみとなるとともに、義務でもあるのです。

富士山の一〇〇〇年先を見据えて

富士山は環境と観光が共生するべき山です。自然があって、そこに人が暮らし、産業が興って雇用の場がうまれ、人々がささやかな生活を成り立たせることができる。産業や経済、観光が自然という地域資源を活用して成り立っているからこそ、人々は生きることができ、環境と人間との共生関係が成立します。

日本では、豊かな自然の中にある森から人々が離れ、川から離れ、海から離れ、そこで行われていた林業や農業、漁業を継ぐ人々がいなくなり、自然が荒れて地域資源として活用できなくなっています。人々が山に入って、そこで働き生きてきたからこそ森が守られ、森から供給される水が里山や海を潤すという、そういう関係が崩れてしまいました。少子高齢化社会という要因はありますが、最大の悲劇はその地で生活ができなくなったということです。木を切って炭にしたり、山菜を採って惣菜にしたり、山の幸を商品化して成り立たせてきた暮らしが立ち行かなくなり、若者は次々と町から離れていく。全国どこの地域でも同じ状況に陥っています。

富士山では一九六〇年代に拡大造林を実施し、植林したスギやヒノキが晩期を迎えつつありますが、用材として使えるのに切る人がいない、切ったとしてもお金にならないと放置されています。森を更新、再整備するための間伐や伐採がほとんど行われない状態が続くと、木々が倒れ土砂災害が起こることもあります。先人が共生に努め、守り続けてきた山の資源が劣化し、森はどんどん荒れて共生関係が崩れてしまうのです。

集中豪雨による山の土砂崩れは、木々が大きく育ちすぎて山に負荷がかかり、風や雨に浸食されて山ごとドーンと崩れてくるものです。その土砂が川をふさぎ洪水被害を及ぼすことで、たくさんの命が奪われる。結局、最後は人間にしっぺ返しがくるのです。

富士山の自然は壮大で彩り豊かなところに圧倒されますが、同時に人間を襲ってくる脅威という意味でのすごさも意識することが必要です。富士山圏域の住民たちは、森を守っていく具体的な活動をもっと進めなければいけません。

スギやヒノキは上手に使えば優れた木材資源となります。ヒノキは浴室をはじめ建具や家具などに使われる高級用材であり、スギは住宅建材としてあらゆる用途に活用できる便利な木材です。もう一度産業を興し伐採して、富士スギ、富士ヒノキとして販売して利益を得る。伐採したところに広葉樹を植えて森をつくり直していく。広葉樹は根が深く張るので災害に強いといわれており、さらに、伐採までのサイクルも八〇年から一〇〇年と長いことも利点です。

富士山の世界文化遺産に登録された約七万ヘクタールのうち、約六割が森林です。スギやヒノキの人工林が占める割合も多く、そこが病んでいるとなると今後、富士山圏域全体の地下水が減り、災害が起こる危険性が高まります。子孫たちに一〇〇〇年先までこの富士山を残そうとするならば、たとえ観光の山であっても、富士山に負荷をかけない観光のあり方を真摯に考える必要があります。

世界遺産フィーバーの波に乗って、一気にお金を稼ごう、収益性を上げようとする産業構造は、深く慎まなければいけません。観光開発ではなく環境資源としての価値を高める方向へと進むべきなのです。

富士山の恩恵を受けて事業を行っている企業は、社会貢献の一環としてそうした活動に利益を投資し、ソーシャルビジネス（社会的企業）を目指しませんか。富士山の水は企業の資源であり、国民の資源でもあり、日本の資源でもあるわけで、それを一方的に使って利益を生み出し株主に配当しているだけでは、自然との共生関係に背信していると言わざるをえません。

世界一流のグローバル企業であるドイツのフォルクスワーゲン社では、メキシコのプエブラ市にある工場が、メキシコ中部に位置する四万ヘクタールの国立公園において、自発的に森林回復事業を行っています。

メキシコでは雨期にしか雨が降らず、水源は地下水でまかなう割合が多いのですが、開墾や山火事、農業や牧畜などによって木々が残らず伐採されてしまう山があり、その結果、水源地が荒廃し、地下水の水位が大幅に下がっていました。地下水を工場で利用しているフォルクスワーゲン社は、三〇〇ヘクタールの森に三六万本を植樹するプロジェクトを立ち上げ、維持管理をするとともに、その範囲をさらに広げようとしています。そして、この考え方に共鳴した投資家たちがフォルクスワーゲン社に投資を行っているのです。

また、アメリカのザ コカ・コーラカンパニーは世界に九〇〇ある工場の九割で水源を調べ、水源確保計画を策定しました。アメリカ南東部アルバニー近郊では、飲料に使う甘味料などの原料を栽培する農家に、節水をさせる試みが進んでいます。これまでの歴史の中では、企業は地下水を汲み上げるだけ汲み上げ、なくなったら水のある次の場所に移るということが一般的でした。自然から見れば生産性がなく、共生の知恵もまったく有していませんでしたが、現在は企業活動の一環として自然の再生に努力し、水を確保しようとしています。投資家や証券会社は、一流企業がどのように自然を利用し、そのお返しとして社会的な事業を行っているかどうかを把握してほしいものです。

ソーシャルビジネスに取り組む企業とそこで働く人々にとっても、自分たちが自然と共生して仕事ができることに一番の喜びを感じるのではないでしょうか。

富士山の周りでは、まだまだ心配な話が耳に入ってきています。富士山の五合目まで登山鉄道を敷設して大量の観光客を運ぶという驚くような青写真が語られたり、鳴沢村ではメガソーラー発電所を造ることが村議会で決まりました。富士山の裾野に一〇〇ヘクタールもの太陽光エネルギーパネルを設置する予定だというのです。さらに、富士市では中部電力が企業と協同で火力発電所を設けて、高さ一〇〇メートル級の煙突を三本、最終的には六本も立てるという。三保松原から駿河湾の向こうにそびえる霊峰・富士を眺めると、視界に煙突が並んで見えるというのは、問題とされている消波ブロックより大ごとになるのではと心配が募ります。世界文化遺産との共生に対する節度や秩序はどこにいったのでしょうか。

富士山は世界の宝物になったわけですから、その恵みに深く感謝し、頭を垂れて開発についてはは我慢するというのが共生の真の姿でしょう。今まさに環境と観光を共生する知恵、仕組みを具体的にどのようにつくれるのかを検討して、法律的な制限によって景観阻害を防止するセーフティネットを設けておかないと、取り返しのつかないことになりそうです。

共生というのはお互いに喜びを感じ合い、享受し合う関係です。つまり、自然も人々も喜びを感じるもの。冷静に考えたうえで行動し喜びを得る一方で、我慢もしなければいけない。やりたいことばかりをやっていては、共生関係は築けません。これは夫婦関係と同じです。人間二人ですら共生、生活していくのが難しいのですから、富士山をめぐってさまざまな利害が交錯しているなかでは、すべてがうまく共生するのは確かに大変なことです。しかし、逆に考えれば、それは富士山が巨大な恵みを与えてくれる素晴らしい存在だから、多くの利害が交錯するともいえるでしょう。

いち早く「富士山庁」による一括管理のもと、「富士山保全パートナーシップ委員会」の意見を踏まえて富士山を維持、管理する体制をつくり、富士山に関わるすべての関係者が共生の喜びを感じながら、誇りを持ってそれぞれの活動を行えるよう、人々が心を合わせることを願っています。

第五章
富士山のとっておきの楽しみ方

富士山の多様な魅力をさまざまに味わって

ここまで富士山の影としてたくさんの問題を取り上げ、問題提起を重ねてきましたが、本音のところでは富士山は今も光の部分が九九パーセントで、輝きに満ちていると思っています。中学二年生で初めて富士山に登り、大人になって富士山にまつわるさまざまな活動に関わり続けて、四半世紀が過ぎました。私は富士山がとにかく大好きです。現在は、富士山観光のルートも画一的で選択肢が少ないのですが、富士山周辺の変化にとんだ多様な魅力をうまく開拓して活用すれば、世界最大といっていいほどの魅力的な観光地になる可能性を秘めています。

繰り返しますが、富士山は頂上を目指すことだけが楽しいわけではありません。むしろ、それ以外の登山道を歩き、その自然美や歴史のある社寺に触れたほうが、富士山の魅力を堪能、満喫できるはずです。

それでは、ここで富士山のさまざまな表情を味わう散策コース、豊かな恵みに触れることができる楽しみ方をご紹介します。

① 富士講をしのぶ古道歩き

白装束に身を包んだ人たちが「懺悔、懺悔、六根清浄」と唱えながら登った巡礼路を、五合目まで歩くコース。御師《おし》という昔の宿坊や神社の史跡、食事処の跡なども見られます。所要時間はふつうに歩けば往復約七時間、健脚の人なら五時間程度です。

出発地点は、山梨県富士吉田市の北口本宮冨士浅間神社。樹齢三〇〇年以上のスギやヒノキが生い茂る参道、日本最大級の木造鳥居を通り抜け、境内の裏手にある登山門へ。昔の人はこの近くの川に身体を沈めて禊をし、白装束に着替えて出発しました。

境内を出て、案内図に従って一五〇メートルほど進むと大塚丘があります。ここは一一〇年、日本武尊《やまとたける》が富士山を遥拝した場所で、北口本宮冨士浅間神社の起源とされています。この先、本来の登山道は舗装された車道となりますが、吉田遊歩道と書かれた未舗装の山道を歩きましょう。標高一一〇〇メートルまで行くと中ノ茶屋という休み処があり、ここでは源頼朝が休んだことがあるということです。富士講の石碑などを横目にうっそうとした登山道を登って、馬返《うまがえし》の石造の鳥居に到着。馬返までは車や小型バスで来ることも可能です。

馬返から上は、緑に囲まれた登山道の合間にさまざまな史跡が残っています。山小屋だった大文司屋にはじまって、富士御室浅間《おむろせんげん》神社、見晴らし茶屋跡、御座《ござ》石、富士守稲荷などなど。残念ながら多くはさびれた廃墟になっていますが、山道にこれだけの施設があったということは、どれだけ多くの先人たちが富士山に思いをこめて登っていたのかと感じ入る光景です。

また、このあたりは森の垂直分布がわかりやすく、ミズナラからシイ、タブなど林相の変化を楽しめます。つづら折りとなっている道で、ところどころ巨木の間から富士山が目の前に現れると、だんだんと気持ちが高揚し、富士山の壮大さ、神秘性が実感できます。風のささやき、鳥のさえずり、森の空気を感じながら自分を見つめ直す時間となることでしょう。

五合目に到着してひと休み。富士山の本質を自分なりに理解できるこのコースは、共生の喜び、富士山が世界文化遺産になった背景を実感できます。帰りが体力的にきついと感じたら、五合目からバスに乗って下りられます。なお、馬返から五合目の間にトイレがないので、ご注意ください。

② 絶景を味わう水平トレッキング

山といえば、垂直方向に登り下りすることばかり考えてしまいますが、横にグルリと回るように歩くのも新鮮な出合いがあります。富士山には、「御中道《おちゅうどう》」という中腹の五合目から六合目を横断するコースがあり、富士講が盛んだった昔は、三回以上の登頂経験がある人しか通れない修行のための道だったそうです。もとは計二五キロほどで富士山をひと回りする道でしたが、崩壊や落石の危険があって一部が通行不可となり、現在は富士スバルライン終点の河口湖五合目から御庭を通って大沢崩れまでで、全体の四分の一程度の道のりとされています。

ちょうど森林限界のラインに沿うように道が通っていて、森が形成される様子を間近に見ることができます。針葉樹林帯のところもあれば、砂礫地が続いているところでは、あたりが開けているので眺めを楽しめる場所もあります。道の両側に御庭、奥庭と呼ばれる散策路を設けたエリアがあったり、ベンチやテーブルも数多くあり、そのわりに訪れる人も少ないので、ゆったりと快適に歩くことができるコースです。間近に富士山の雄大な姿を見られるのも魅力。ベストシーズンは秋でしょう。黄金色に染まったカラマツが華やかです。眼下に富士五湖をのぞみ、向こうには八ヶ岳や白根三山、遠くは南アルプス山脈と、まさしく絶景。富士山が円錐形であることがよくわかる眺望でもあります。

一時間ぐらい歩いたあたりから道幅が狭くなり、林道の合間に頂上から下まで一帯が瓦礫となった沢が現れます。終点はもっとも大規模な大沢崩れ。最大幅五〇〇メートル、深さ一五〇メートル、長さ二一〇〇メートルあり、つねにガラガラと瓦礫が崩れ落ちる様《さま》を目にすると、富士山がまだ若い不安定な山であることに思い至ります。

奥庭までで引き返すと約三時間、大沢崩れまで往復すると六時間ほどの道のりです。

③ 季節を楽しむ裾野の森の散策路

登山客が集中する夏の五合目以上を避け、四季折々に変化する富士山の森を訪れてみてください。春は爽やかな空気を胸いっぱいに吸い込んで、新緑に見入る。木々の種類によって緑にも多彩な色があることに気づくはずです。

夏はその緑が濃く深く、けれども高原ですから涼しいので、気持ちのよい森林浴に心身がほぐれていきます。あでやかな紅葉に彩られる秋は、まさにベストシーズン。黄金に輝くカエデを中心とした、息を呑むほどの美しさとの出合いに感動を覚えることでしょう。冬は最近雪が多いので、銀世界の中を歩くことができます。動物たちの足跡やふんがたくさん残っていて、すぐそばに息吹を感じられるようです。

私のおすすめは、富士山スカイライン周遊区間にある静岡県裾野市の水ヶ塚公園の周辺です。まずここから、富士山の宝永火口を正面に据えた雄壮な姿を見上げてください。その下から公園に向かって広大な森が続いています。水ヶ塚公園から腰切塚展望台を往復する三〇分の短いコース、同じく水ヶ塚公園から須山御胎内、須山下り一合五勺、須山上り一合五勺を回ってくる約五時間のコースがよく紹介されています。

静岡県富士宮市の西臼塚遊歩道も、同じく富士山スカイライン沿いの駐車場からスタートします。この道は、富士山の寄生火山の火口をめぐるルートで、高山特有の植物を観察できるほか、ミズナラやナラ、ブナ、イタヤカエデの大木、巨木が印象的です。
西湖の近くに広がる青木ヶ原樹海も遊歩道やキャンプ場が整備され、散策におすすめです。遊歩道から外れなければ迷子になることもありません。心配であれば、地元の団体が実施しているエコツアーに参加してみるとよいでしょう。

そのほかにも、世界文化遺産の二五の構成資産を巡る旅、富士山の周囲三六〇度からのビューポイント探し、食や湧水を味わうグルメ探訪、富士山を眺めながらの温泉三昧など、自分や家族の好みに合わせてテーマを決め、富士山の恵みをとことん楽しむのも興味深いものです。富士山の光を満喫して、富士山に触れ、富士山のことを考え、気づいたことから行動に移して、いつまでも日本の宝、世界の宝として美しい富士山を後世に残していきましょう。

おわりに

「富士山の光と影」について、私なりの所見を綴ってきました。約二五年間にわたり、本当に、よくもこんなにもいろいろなことに飽きずに取り組んできたものだと、自分ながらに驚きます。しかし、富士山の現状は、環境問題を中心として、いまだに多くの未解決の問題が山積みになっており、自分の力不足と未熟さに忸怩たる思いが残っています。

とくに感じるのは、富士山は、「世界文化遺産に登録されて本当によかったのか、世界の宝物として世界基準の資格と規範を有しているのか、日本国民は富士山を永続的に守り伝えていく覚悟と意思があるのか」ということです。多くの疑問と反省の気持ちが交錯し、今までやってきた自分の役割と取り組みが適切だったのか、自戒と不安の気持ちにかられたりもします。

確かに、富士山は文化的な側面から評価しても世界的な価値を有しています。しかし、冷静に考えると、やはり、類まれな自然美がそのベースにあるからこそ、先人が鎮爆の念を込めて信仰の対象として崇め、また、秀麗な景観美が芸術の源泉として日本文化の形成に大きく寄与、貢献してきたのだと思うのです。しかし、登録後の富士山には、富士山フィーバーが起こり、国内外を含めて多くの観光客や登山者が押しかけ、環境問題を誘発、助長し、愛すべき富士山を激しく傷つけ、壊しているという現状があります。

私は、富士山を世界自然遺産や文化遺産に登録させることが、世界基準に見合った、日本型の包括的かつ革新的な抑止対策、そしてセーフティネットを施すことになると期待して、実現に向けて事務的な裏方の仕事を担い、多様な調整や現場での実証的な活動に精一杯努力してきました。

しかし、現在の正直な気持ちを述べると、皮肉なことに、逆に富士山への国民的な関心を高めることにつながり、多くの観光客や登山客を富士山に呼び込んだきっかけづくりに奔走したのではないかと感じているのです。信仰の山としての世界文化遺産登録の意味や意義が、国民に正確に理解されないまま、観光振興の拡大を誘導した牽引役、先導役になったのではないかと懸念し、反省をしています。

世界文化遺産登録のプロセスを通して、海外の世界遺産では、当たり前のように実行されているグローバルスタンダードの施策が、国会議員をも巻き込み、多様な課題解決に向けてダイナミックに動きだすのではないかと強く期待しました。世界レベルでは、富士山では困難視されている理想的な施策である、「一元管理体制、入山料徴収、入山規制、安全対策、環境対策、情報提供、危機管理、NPO・企業との協働、人材育成、登山環境教育、基金造成、開発抑止、景観保護、包括的管理運営計画書の策定と見直し、地域住民との連携、土地の国有化、自然森林研究所の開設、多様なボランティアレンジャーの育成」などの体系的で横断的な対策が、ガイドラインとして策定され、その基準と規範に従って、的確な管理運営が施されています。

しかし、恥ずかしいことに、富士山では登録後一年が経過した今、なされたことといえば、今年の夏季シーズンから、入山料（保全協力金）を任意で五合目以上の登山者全員から徴収することと、富士山の環境にさらなる負荷を強いる登山期間の延長だけだと認識しています。さらに、登山鉄道の敷設や火力発電所の建設、ソーラー発電所の設置など、開発計画が目白押しで暴走の一途にあるのです。富士山の環境保全を優先した開発抑止の対策は皆無です。

このような富士山の利活用を優先した施策を進めている行政や企業は、一体、富士山を誰のものだと考えているのでしょうか。確かに山小屋や観光業者には、旧来からの利用権があり、その経営維持が重要なことはわかります。しかし、今までの議論や対策の中味を見ると、長期的な視点に立った、富士山に、これ以上の負荷をかけない開発抑止・制御の発想と対策への議論はほとんど存在していません。

この本の役割は、富士山に現実的に起こっている「光と影」の事実と実態をわかりやすく、写真による臨場感ある解説を含めて国民に伝え、現状を正確に理解、把握してもらうことにあります。

私の確信として、このままでは今後、富士山は間違いなく壊されてしまう。世界文化遺産としての登録も抹消されてしまう危機的な事態に追い詰められるのではないかという危惧があります。富士山が世界の恥の山・危機遺産にならないように、今こそ、日本人の共生の知恵と環境保全への新たな施策が試されているのです。しばらくの間は、富士山頂への登山は自粛していただき、富士山の宗教的・文化的・自然的な多様な価値を学び直していただくことを願います。

最後になりましたが、この本の出版を実現してくださった清流出版株式会社の松原淑子氏、貴重で迫力ある現場の写真を提供していただいた中川雄三氏、私が関わった富士山関係のNPOの皆さま、屋久島やニュージーランドへの現地調査で支援していただいた林丈雄氏や山本実生氏、資料整理を手伝っていただいたグラウンドワーク三島の村上茂之氏、富士山学の開講と学術研究費の支援をいただいた都留文科大学に感謝するとともに、あちらこちらに走り回り留守がちな私を、優しく励ましてくれている妻に心からお礼の言葉を捧げます。

二〇一四年五月　富士山を望む三島にて

渡辺　豊博

渡辺豊博（わたなべ・とよひろ）

1950年、秋田県生まれ。静岡県三島市在住。東京農工大学農学部を卒業後、静岡県庁に入庁し、農業基盤整備事業などを担当。2007年に農学博士号を取得し、2008年より都留文科大学文学部社会学科教授を務め、地域環境計画や自ら提唱する「富士山学」などを開講している。「富士山学」は、早稲田大学、常葉大学、静岡・山梨の高校でも教えている。現在、NPO法人グラウンドワーク三島、NPO法人富士山測候所を活用する会の専務理事ほか、7市民団体の事務局長を務め、屋久島、ニュージーランド、アメリカ、イギリスなどの視察調査を行うなど、精力的にグローバルな最新情報の収集に取り組んでいる。著書に『清流の街がよみがえった』（中央法規出版）、『富士山学への招待』（春風社）、『共助社会の戦士たち』（静岡新聞社）など多数。グラウンドワーク三島のホームページは、http://www.gwmishima.jp/

富士山の光と影
傷だらけの山・富士山を、日本人は救えるのか!?

2014年6月16日[初版第1刷発行]

著者　渡辺豊博

発行者　藤木健太郎

発行所　清流出版株式会社
東京都千代田区神田神保町3-7-1
〒101-0051
電話　03-3288-5405
振替　00130-0-770500
＜編集担当＞松原淑子
http://www.seiryupub.co.jp/

印刷・製本　大日本印刷株式会社

乱丁・落丁本はお取り替えいたします。
ISBN978-4-86029-417-5